「食」でつながる
アフリカのコミュニティ
~持続可能な地域の発展をかなえるための5つのヒント~

伊藤 紀子 著

筑波書房

はしがき

　この本は，読者に分かりやすい記述と，最後まで読み通してもらうことを目指しています。各章の冒頭の1ページ目には，各章の「ポイント」を箇条書きでまとめ，「全体の中の位置づけ」の図を書いてあります。時間がない方は，各章の冒頭の1ページ目のみを飛ばし読みしていただいても，全体の内容が分かります。

　各章の2ページ目以降は本文です。各章の1ページ目のポイントごとに，詳しい説明を加えてあります。アフリカのことはよく知られていないので，関心はあってもいろいろな疑問をお持ちの方も多いでしょう。この本では各章で2つ〜3つの「問い」を立て，章の内容を踏まえ，自分なりの「答え」を導き出すという構成になっています。「問い」の一覧は，各章の目次に書かれています。筆者が考える「答え」は「各章のまとめ」に書かれていますが，答えは1つとは限りませんので，本の内容を踏まえて考えてみてください。開発途上国地域の特徴，国際開発，国際協力，持続可能な開発目標（Sustainable Development Goals：SDGs）に関心を持つすべての方に向けて，ケニアやインドネシアのフィールドワークから得られた筆者の長年の研究成果をお届けします。

　開発途上国関係の研究者，海外事情の科目を担当している教員，海外や日本の地域の発展の取組と関係のあるお仕事をされている方，地域・食と関わりの深い家事・育児・介護に関わる方，今後の国際社会・国・地域の発展を担う学生など，多くの方にこの本を読んでいただきたいと思います。そして遠く離れていても同時代に海外で生きる人々や彼らの社会・経済について学び，今後の国際関係の構築，自らの生活・地域社会の発展について考えるきっかけにしていただきたいと考えます。本文はなるべく専門用語を使用せずに書かれているため，この本で紹介した内容の詳細を知りたい・学びたい

iii

という人は，注や巻末の参考文献を参照してください。海外事情を学びたい方や学生の教科書・参考書としても活用してください。

目次

第1章 「食」でつながるアフリカのコミュニティを知るために
～この本の目的と研究方法～ ………………………………………1

第1章のポイント ………………………………………………………1

1.1 なぜアフリカの「食」に注目するのか？ ……………………… 2
- アフリカは遅れている？ ………………………………… 4
- アフリカには可能性がある？ …………………………… 6
- アフリカに対してさまざまな見方がある …………… 10

1.2 どのような方法で研究するか？ ……………………………… 13
- 経済学の手法でアフリカ経済の特徴をとらえよう …… 14
- 社会学の手法でアフリカ社会の特徴をみてみよう ……… 15
- 人類学の手法もとりいれよう ………………………… 16
- 経済学・社会学・人類学の組み合わせによって何がみえてくる？ …… 19

1.3 この本を読むことで何が分かるか？ ………………………… 19
- 調査地はどのようなところ？ ………………………… 19
- この本の全体を通じて考えること ……………………… 22

第1章のまとめ ……………………………………………………… 23

第2章 アフリカの経済・社会の特徴～東南アジアとの比較～ … 25

第2章のポイント ……………………………………………………… 25

2.1 アフリカの経済・社会の特徴は何か？ ……………………… 26
- アフリカの経済発展は東南アジアに比べて遅れてきた …… 26
- アフリカの農業生産性の低さが，経済発展の阻害の根本要因 … 28
- 穀物生産性の低さが，どのように経済成長を妨げるのか？ ………… 31
- どうしたらアフリカの穀物生産性を向上できる？ ……………………… 33

v

2.2 アフリカではどのような食料が生産・消費されているのか？ ……… 35
● アフリカにはさまざまな主食がある ……………………………………… 36
● アフリカの食の多様性やイモ類の重要性は見逃されることが多い …… 42

2.3 ケニアではどのような食料が生産・消費されているのか？ ………… 44
● ケニアでは，コメはさまざまな食料の中の1つ ……………………… 45
● 農業はケニア経済の中心 ………………………………………………… 49
● ケニアでコメは都市部を中心に消費され増産の取組が加速している … 52

第2章のまとめ ……………………………………………………………… 53

第3章 アフリカ・ケニアのコメの生産地域の暮らし ……………… 55

第3章のポイント …………………………………………………………… 55

3.1 ケニアではどのようにコメが作られ，食べられている？ ………… 56
● 1990年代まで，コメは「商品」として扱われてきた ………………… 56
● 2000年代から，国家や国際機関のコメの生産支援が進んだ ………… 60
● 2010年代，コメは「食料」として消費されるようになっていた ……… 62
● 高齢の第一世代は，若い第二世代より多くのコメを生産している …… 65
● 高齢で豊かな第一世代は，若く貧しい第二世代にコメを与えている … 67
● なぜムエアの農民はコメを食べ，分かち合うのか？ ………………… 72

3.2 食を通じた人々のつながりは何を生むのか？ ……………………… 74
● コメはどのような人々の間でどのように分けられているのか？ ……… 74
● コメを分かち合う理由やその意味は，季節によって変化する ………… 79

3.3 コミュニティの伝統的な食はどのように継承されてきたのか？ …… 85
● アフリカの食料消費の変化について現地の人はどう思っている？ …… 85
● ケニアの稲作地域では，コメに加えて伝統食がよく食べられている … 87
●「食の多様性」と「伝統的食文化」はどのように維持されている？ … 97
● コミュニティのしくみを生かした開発のための外部者の役割とは？ … 99

第3章のまとめ ……………………………………………………………… 102

目 次

第4章　東南アジア・インドネシアのコメの生産地域の暮らし… 105

第4章のポイント ………………………………………………… 105

4.1　インドネシアではどのようにコメが作られ，売られている？ …… 106

- インドネシアで有機農業への関心は高まり，有機SRI農法が広まった

　　……………………………………………………………………… 107

4.2　コメの輸出の増加はコミュニティにどのように影響したのか？ … 111

- 輸出向けのコメを作る農家の経営や社会関係の特徴は？ ………… 112
- 輸出向け農業が広まり，コミュニティ内の雇用・コメ共有が減った … 123

第4章のまとめ ………………………………………………… 125

第5章　おわりに〜アフリカのコミュニティから学ぶこと〜 … 129

第5章のポイント ………………………………………………… 129

5.1　東南アジアとアフリカのコミュニティはどのように異なる？ …… 130

- 東南アジアではコメが食料から商品になった ………………… 130
- アフリカではコメが商品から食料になった …………………… 133
- アフリカと東南アジアのコミュニティでは「当たり前」が違う …… 136
- アフリカの開発では，コミュニティの特徴は考慮されてこなかった … 139

5.2　持続可能な地域の発展をかなえるためには何が必要か？ ……… 140

- この本の内容のまとめ …………………………………………… 140
- アフリカから学んだことを，地域の発展の取組に生かせるか？ …… 143

第5章のまとめ ………………………………………………… 148

参考文献 ………………………………………………………… 151

付記・謝辞 ……………………………………………………… 161

vii

第1章

「食」でつながるアフリカのコミュニティを知るために

〜この本の目的と研究方法〜

第1章のポイント

● この本では，アフリカのコミュニティにおいて，人々が「食」を通じてつながりあっていることに注目する。食料を安定的に確保することや公平に分かち合うアフリカのコミュニティのしくみを知ることにより，人間関係を保ちながら，自立して発展できるような地域社会の発展のヒントを得ることを目的とする。

● この本では，経済学，社会学，人類学などの方法を組み合わせ，対象社会をまるごと深く理解することを目指す。

● この本を読むと，アフリカのコミュニティが，**①食の自給性**，**②貧者に食を与える寛容性**，**③食の平等性**，**④食の多様性**，**⑤食文化の継承**の5つのしくみに支えられていることが分かる。アフリカのコミュニティを学ぶと，持続可能な開発目標（SDGs）の達成に向けて，アフリカの人々とともに現地の価値観を大事にしながら開発を進める方法を考えるきっかけになる。さらに，世界各国で進んでいる地域のコミュニティの衰退に歯止めをかけ，発展をかなえるために何が必要かを考えるきっかけにもなる。

第1章の位置づけ（全体の見取り図）

1.1 なぜアフリカの「食」に注目するのか？

● この本では，アフリカのコミュニティにおいて，人々が「食」を通じてつながりあっていることに注目する。食料を安定的に確保することや公平に分かち合うアフリカのコミュニティのしくみを知ることにより，人間関係を保ちながら，自立して発展できるような地域社会の発展のヒントを得ることを目的とする。

あなたは，「アフリカ」[1]という言葉に，どのようなイメージを持つだろうか。貧困，飢餓，紛争の多発，食料の不足，経済の未発達などのネガティブなイメージを持つ人も，豊かな自然，多くの動物，多様な文化，人々の活気，今後の経済発展などのポジティブなイメージを持つ人もいるだろう。この本は，日本ではあまり知られていないアフリカに焦点を当てる。そしてアフリカの社会や経済の特徴について，コミュニティ（一定の範囲内に住む人々が形成する地域社会）に暮らす人々の生活や社会がどのように成り立っているのかを考える。

もう少し具体的にテーマを説明しよう。この本では，筆者によるケニア・インドネシアの調査の結果[2]などを用いながら，各地域のコミュニティでは，生命を維持するために最も重要な食料が，どのように入手されたり，人々の間で分かち合われたりしているのかを考える。そしてアフリカのコミュニティが，①食の自給性，②貧者に食を与える寛容性，③食の平等性，④食の多様性，⑤食文化の継承の5つのしくみに特徴づけられるということを示す。第3章で説明するように，ケニアでの暮らしぶりをみていくと，人々は，自分が食べる食料をなるべく自分で作ることで食料を確保しやすくしていること（地産地消の考え方に近い），近所に住む貧しい人に食料をあげることが当然とみなされていること，貧富の差にかかわらずコミュニティの人々が平等に食料を得られるようにしていること，民族の伝統食を大事にして食の多様性を保っていること，食文化を継承して自分の住む地域・自分の民族に対して愛着や誇りをもって暮らしていることが分かる。

この本でとりあげるもう1つの調査地の東南アジア[3]に位置するインドネシアは，アフリカに位置するケニアよりも，経済発展が進んでいる。東南アジアは，かつてアフリカよりも経済発展が遅れていたものの，農業の近代化を達成してアフリカを逆転した。アフリカは，貧困や食料不足というイメージを持たれることが多いものの，そこでの暮らしはそれほど悲観的なものにはみえない。例えばアフリカの多くの地域でみられる，食料の分かち合い（「共食」，food sharing）を通じた人々のつながりは，貧しい人々の安定的な食料確保，人々の平等で多様な栄養摂取を促し，経済や栄養の面で生活を支えている。さらに多くの人と一緒に食事をとることは，人々の楽しみや生きがいであり，伝統的食文化，アイデンティティ，自分の出身地や民族を大切に思うきっかけにもなっている（北西，1997，Leacock and Lee，1982，杉村，2004，飛田・氏家，2020）。「食」をめぐる暮らしの工夫について学ぶと，アフリカのコミュニティで暮らす人々が大切にしていることを理解しやすくなる。

今後，アフリカの貧困削減や開発を進め，持続可能な開発目標（SDGs）を達成するためには，アフリカの人々の考え方や生活の成り立ちについて外部者も深く理解したうえで，どのようにしたらさらに良い状況に変化させていけるのかを，現地の人々とともに考える必要がある。日本など先進国では，人口の減少，地方の過疎化，人々の孤立，経済格差の拡大といった社会・経済問題が深刻化している。先進国の人もこの本を読んで，アフリカのコミュニティが人々の生活の基盤になってきたことを知ることにより，地域の経済や社会の発展の核となるようなコミュニティを維持していく方法を学ぶこともできる。このように，アフリカの食について知ることを通じ，持続可能な国際開発や地域の発展を実現するヒントをみつけ，未来の「可能性」を探ることが，この本の目的である。

これまでさまざまな学問分野において，アフリカの経済や社会が研究されてきた。そのとらえ方は，大きく2つに分けられる（**図表1-1**）。以下で，それぞれを説明しよう。

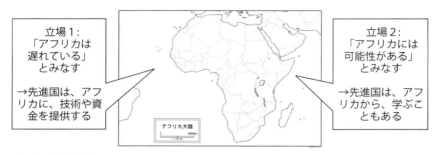

図表1-1　「アフリカ」のとらえ方

出所：筆者作成。
（地図）https://www.freemap.jp/itemFreeDlPage.php?b=africa&s=africa_1

● アフリカは遅れている？

　1つ目の立場（**図表1-1**の左側の「立場１」）は，アフリカの経済発展のレベルが他地域よりも低いことから，「アフリカは遅れている」とみなす立場である。このような立場の特徴は，第一に，貧困，飢餓，紛争の多発，食料の不足，低い経済成長率など，アフリカに対するネガティブなイメージを強調すること，第二に農業を中心とする開発（「農業改革」）の必要性を主張することの２点である。2015年に国連の持続可能な開発サミットで「誰も置き去りにしない」という基本理念のもとに掲げられた，2030年までに国際社会が一体となって達成すべき目標であるとされている持続可能な開発目標（SDGs）の「目標１」は，「貧困をなくそう」というものである（蟹江，2020など）。2015年時点でサブサハラ・アフリカの貧困率（国際的な貧困ライン以下で暮らす人口の割合）は他の地域よりも高く，アフリカは最も貧困が深刻な地域であるとされている。さらに近年，アフリカの人口が増えるにしたがって食料が不足するようになっており，食料価格の高騰，穀物輸入の増加，経済発展の遅れにもつながっていると考えられている。したがって，アフリカにおいてもっと多くの食料を生産することが重要であるとされてい

る。

　アフリカ開発銀行グループのレポートでは，アフリカでは農業が開発され
ていないために貧困やフードセキュリティの悪化を招いてきたことが指摘さ
れている（African Development Bank Group，2017）。フードセキュリティ
（food security）が確保された状況とは，十分な食料が存在すること（food
availability），食料を手にすることができること（food access），食べること
ができること（utilization），食料をいつでも手にすることができること
（stability）という4つの要素が十分に満たされていることを指し（FAO，
2006），「食料の確保」・「食料の保障」などと表現できる包括的な概念である
（生源寺，2013：39-43）。アフリカの穀物の単位面積当たり収量は国際平均
の半分にも満たず，インフラの未整備などにより農業生産性が低く，低栄養
や栄養不良人口，貧困人口の増加につながっている。さらに気候変動，資源
の国際価格の変化にともない，食料輸入が急増している。食料増産戦略とし
ては，貧困撲滅，飢餓と栄養不良の根絶，食料輸出多様化（食料純輸入額の
減少）を目指している。改革の成功例として，ケニアの園芸作物，エチオ
ピアの花弁輸出，セネガルにおけるコメの増産，ナイジェリアのICT農業など
が示されている。こうした立場からは，生産性向上のための技術・肥料など
投入財の増加，投入財と資本の集約，生産物販売の増加，市場の整備，民間
セクターの競争力，アグリビジネスの成長といった農業の市場経済化が農業
改革にとって不可欠であるとされている。

　農業の市場経済化という目標は，アフリカ・コミュニティの自給志向（生
産物を自ら消費して食料を得ようとすること）や社会で共有しようとする考
え方とは大きくかけ離れている。現状を「遅れている」とみなすことはすな
わち，現状から遠く離れたところにゴール（市場経済化が達成された理想の
社会像）を置くことでもある。そうした意味で，農業の「改革」や「革命」
という大規模な変化の必要性を唱える見解は，アフリカの「開発」の実現を
難しいものにみせているともいえる。

　「立場1」のように「アフリカは遅れている」とみなす場合，日本などの

先進国（アフリカの外部に暮らす人々）は，どのようにアフリカの人々と関わることになるだろうか。基本的には，先進国からアフリカへ，技術や資金を提供するという，国際協力・援助が必要であるという考えにつながるであろう。例えば，アフリカには「有効に使われていない土地が多く残されている」という認識から，多国籍企業が導入する近代的農法により，農業生産性の改善や農業加工産業の発展，技術移転，インフラ整備，雇用創出などのメリットがもたらされるとして，外国企業主導の農業開発が進められてきた。今日，国際社会やアフリカ政府は，コメなどの穀物を，もっと多く国内で生産できるように技術を高めようとしている。このような農業開発の取組は，アフリカの食料不足が問題であり，問題解決のために「緑の革命」（コメなどの増産を可能にする農業の近代化）を行う必要があるという認識のうえに進められている（JICA，2008，2015，平野，2009，2013，大塚，2020，吉田，2020など）。

● **アフリカには可能性がある？**

　ここで，**図表1-1**の右側の「立場２」のように，「アフリカには可能性がある」という見方もあることに注目しよう。貧困率など経済的側面に注目すると，アフリカの経済発展の水準は他地域に比べて著しく低く，停滞してきたため，アフリカの経済の発展のレベルが遅れているという「立場１」の認識は正しいであろう。ただし，アフリカ以外の多くの地域が達成した農業の近代化・経済発展は，別の問題をもたらしており，近年では開発の分野でも経済だけを優先するのではなく，社会や環境への配慮，持続性が重視されるようになっている。

　20世紀後半から目覚ましい経済発展やグローバル化を経験したアジア諸国や先進国は，2020年代の現在，経済発展やグローバル化がまねいたと考えられる数多くの問題に直面している。例えば，感染症の世界的蔓延，国を超えて広がる環境問題・地球温暖化，繰り返される国際的な経済危機・財政危機，紛争・戦争，拡大する貧富の差，少子高齢化，都市部の過密化と農村部の過

第1章 「食」でつながるアフリカのコミュニティを知るために

疎化などを経験してきた。グローバル化の進展とともに食料システムが複雑化し，食料貿易が拡大するにつれて生産者と消費者の距離はいっそう遠くなり，フードシステムの「距離の拡大」とともに，食料供給が不安定化し，安全性のリスクが高まってきた（高橋・清水，2022）。経済成長したアジアでは，グローバル化，高齢社会化，経済のサービス化のリスクが，新型コロナウィルスの感染拡大期に顕在化した。そして，個人の幸福追求・心の安らぎ，社会の安全・安心・安定が求められているのではないかとされている（末廣・伊藤，2022）。このような問題を受け，これまで経済成長を優先してきた各国でも，今後は，経済や社会の目指す方向を変えていく必要があるだろう。

　過度なグローバル化や経済発展によりもたらされてきた環境負担や経済格差などの社会問題の深刻化を踏まえ，杉村ほか（2023：ⅱ）は，「それぞれの地域社会の内部で食料やエネルギーやその他生活に必要なものをまかなえるような自律分散型の社会」の実現が望ましい未来像であることや，アフリカではこのような社会が既に実現されているということを指摘している。筆者が調査を続けてきたケニアでも，人々が食料を生産したり，不足している人に与えたりし，コミュニティの人々の生活を支えていた（伊藤，2016，2017a，2017bなど）。つまりアフリカの厳しい自然環境の中で，地域のコミュニティに住む人が国家や市場などの外部者に過度に頼らず，自分たち自身で食料を確保して分かち合うことにより，貧しい人を取り残さずに地域の人々みんなの生活を成り立たせつつ，豊かな人間関係や食文化を守ってきた。こうして「それぞれの地域社会の内部で食料やエネルギーやその他生活に必要なものをまかなえるような自律分散型の社会」が作られてきたといえる。

　アフリカでは，国家や市場による画一化への圧力が農村の底辺までには届かず，農業や生計活動の実践の現場ではさまざまな側面における多様性，自立性，循環性が失われずに保持されてきた。例えばアフリカで広範に実践されている混作（同じ圃場内に多種類の作物を同時に植え付ける農法）は従来，生産効率が低いため農業近代化を阻む障害物としてみられてきたが，近年で

7

はむしろ生物多様性に富み，強く，持続的な農法として再評価されている。頻繁に移動する移動耕作も行われている。移動しながら多様な農産物を生産する農業は，一般的に，アジアや先進国で実践されているような，定住し，単一の作物を計画的に生産する農業の形態に比べ，生産性は低く，不安定になりやすいであろう。ただし食料の不足や偏りが生じても，農家が移動したり，家族が出稼ぎに出たり他の人を受け入れたりするなどの世帯構成員数の柔軟な変更，親族や隣人などコミュニティにおける世帯間の相互扶助・食の分かち合いなどにより人々が安定的に食料を確保するための工夫がなされる（杉村ほか，2023，杉山，2007）。

　また，アフリカの農民は，生活の基盤を自らの属する地縁・血縁コミュニティにおき，政府の政策や市場経済に全面的に生計を依存する傾向が少ないという文化的特徴が指摘されている（Hyden，1980）。ハイデンによれば，アフリカのコミュニティでは，家族労働を使って粗放的農業（広い面積の土地を使って少量の農産物を生産すること）が実践される。農業生産の大部分は食料の確保のためのものであり，利潤追求よりも家族の最低限の必要を安定して満たすことが優先されるという。小農的生産様式は，家族の安定した再生産が優先させるためリスクの高い新しい技術がなかなか受け入れられないという保守的な性格をもつが，誰もが飢えずに生きる権利を与えられているという点で平等主義的でもある。平等主義を支えているのが，相互扶助的な関係（「情の経済」）である。情の経済は「血縁，親族，コミュニティもしくはほかの親近性によってむすばれ組織化された集団のなかでの支援，コミュニケーション，相互作用のネットワーク」と定義されている。生産的目的に投資されるべき財が再生産活動に投じられるため農業の近代化や経済発展を阻害するともいえるが，同時に，コミュニティの維持と再生産に貢献してきたとも理解できる。

　「アフリカには可能性がある」とみなす立場からは，アフリカの外部に暮らす人々は，アフリカの人々に技術や資金を提供するというだけではない関わり方ができる。まず，アフリカの人々の考え方や社会の成り立ちを重視し

た国際開発を考えるきっかけになる。例えば混作や移動耕作のような農業の形態は，アフリカの脆弱な自然環境におけるリスクに備えることができる（年によって育てやすい多様な作物を複数生産したり，生産状況が悪い土地を離れることができる）という意味で，地域の特徴に合った農業形態とみなせる。世帯や地域のコミュニティに暮らす人々の生存に必要な食料を安定的に確保するためには，多様性・変動性，環境に合わせた柔軟な変化が不可欠である。多くのアフリカ農村でみられる食料を分かち合うしくみは，貧しい人も他の人から分けてもらい安定的に食料を確保できること，地域の人々がともに食事を楽しむこと，食文化の維持といったさまざまなメリットをもたらしてきた。現状のメリットを理解しないままに，これまでの農業生産方法や食料の分かち合いの機会を否定し，大規模生産・大量消費のスタイルをアフリカに導入すれば，現状の農業の環境への適合性や人々の平等で安定的な食料確保の機会を奪うと同時に，かえって食料の確保を難しくしたり，コミュニティの人間関係を弱める危険性もある。現状に対する理解のうえで，適切に外部技術を導入することや，平等な社会関係を壊さないような取組が必要である。

　さらに，アフリカの外部に暮らす人々は，アフリカのコミュニティについて知ることにより，先進国の暮らしや社会を望ましい未来像に近づけるためのヒントを得ることもできる。今日，全世界的な気候変動や環境問題が深刻化しており，残留農薬などの問題も発生する中，ヨーロッパ，アメリカ，日本において，自然環境に良い（化学肥料や農薬を使わないような）有機農業が広まっている。日本などの先進国では，通貨の変動による輸入食料の価格高騰やそれに伴う食料価格全般の高騰，経済格差，農村のコミュニティの衰退，つながりの喪失（孤立，個食）が進んでいる。共食の機会が失われて一部の人々の食料不足や不平等化が進むことは，食料不足者や食を通じたつながりを持てない孤立者の貧困や栄養といった経済・健康面の問題のみならず，心理的な悪影響ももたらしうる（足立・衛藤，2023，Miki et al., 2021）。他方でアフリカではそもそも化学肥料や農薬があまり普及していないし，食料

の分配・共食が各地でなされている。複数作物の生産や移動など，自然環境への負担の少ない農業の形態がとられていることも多い。農産物を必要な分だけ生産してコミュニティ内で消費するというフードシステムは，輸送コストが低く，生産の場と消費の場が近く，「地産地消」のようなスタイルであり，市場での食料価格高騰の影響を受けにくい。

　このように，アフリカで受け継がれてきた農業生産や食料消費のスタイルは，今後もアフリカにおいて維持していく価値があるものであると同時に，先進国を含めた世界の持続的な農業生産・消費スタイルのモデルにもなりうる。アフリカの食料の分かち合いは，貧しい人の生存を支えたり食の多様化に貢献するといった経済・健康面のみならず，人々の楽しみ，生きがいの創出の機会ともなっている。このような実践を日本にも取り入れいくことで，コミュニティの再生や維持を目指せるかもしれない。

● アフリカに対してさまざまな見方がある

　はじめの問題意識が異なると，問題の発生の原因に対する考え方や，その後，どのように問題を解決したらよいかという考え方も異なってくる（**図表1-2**）。「立場１」のように「アフリカは遅れている」ととらえると，貧困・食料不足という問題，その背景として，穀物（コメなど）の土地生産性が低いという技術的な遅れが認識される。問題を解決するために，農業技術を向上させること（「緑の革命」と呼ばれる農業近代化の取組）が必要であるという議論につながる。「立場２」のように「アフリカには可能性がある」ととらえると，「緑の革命」のような介入がなされた場合に，これまで機能してきた食料の確保のしくみや平等性が失われかねないという危険性を認識できる。アフリカの社会・経済の独自性に対する理解不足があると考えられるため，問題を解決するには，アフリカの社会・経済の独自性に対する理解を深める必要があるという議論につながる。**図表1-1**の「立場１」と「立場２」のように，アフリカのとらえ方や，外部者としてのかかわり方は，立場によって大きく異なる。重要なのは，どちらか一方の（あるいは特定の）考え

第1章　「食」でつながるアフリカのコミュニティを知るために

図表1-2　「アフリカ」の問題のとらえ方の違い

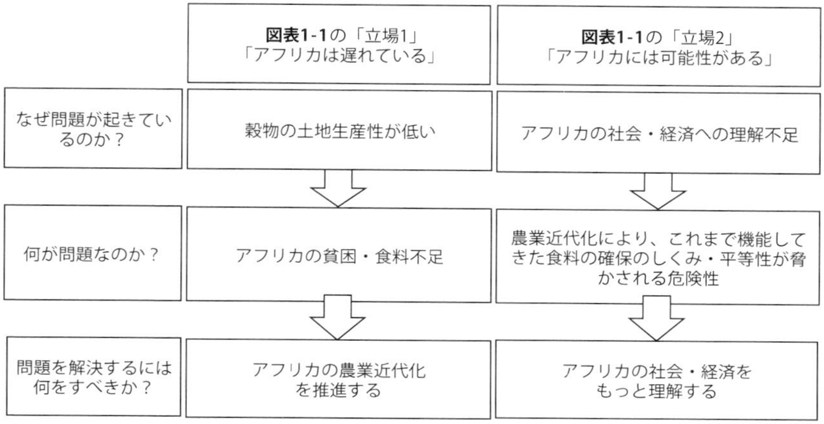

	図表1-1の「立場1」 「アフリカは遅れている」	**図表1-1の「立場2」** 「アフリカには可能性がある」
なぜ問題が起きているのか？	穀物の土地生産性が低い	アフリカの社会・経済への理解不足
何が問題なのか？	アフリカの貧困・食料不足	農業近代化により、これまで機能してきた食料の確保のしくみ・平等性が脅かされる危険性
問題を解決するには何をすべきか？	アフリカの農業近代化を推進する	アフリカの社会・経済をもっと理解する

出所：筆者作成。

　方に固執せず，さまざまなとらえ方があることを知り，それぞれのメリット・デメリットを比較しながら，対象への理解を深めていくということである。

　「アフリカは遅れている」とみなす立場（「立場1」）には，アフリカの経済や社会における問題と，問題の解決に向けて何をするべきであるのかを分かりやすく説明できるというメリットがある。アフリカの経済や社会における問題は低い1人当たりGDP，貧困，飢餓人口，食料（穀物）の生産量の低さなどのデータにより表すことができ，これらの根本の原因として穀物の生産性の低さが指摘できる。問題の解決のためには，穀物の生産性を向上させることが必要であり，「緑の革命」（農業の近代化）を実施するべきであるという開発の方針がわかりやすく説明される。

　ただし「立場1」のデメリットは，アフリカの可能性を見逃していること，いいかえると，近代化を進めるによってアフリカの可能性を奪ってしまうかもしれないということである。「立場2」について説明したように，アフリカの農業の形態（複数作物の生産や移動）や食料を分かち合うしくみには，

11

自然環境への負担の少なさ，コミュニティの人々の食料の確保，楽しみや生きがいなど，生活を支えるさまざまな意味がある。農業の近代化や市場経済化が進めば，化学肥料・農薬使用料の増加，作物の種類の単一化，食料を市場に販売することによる分かち合いの機会の減少につながるため，自然環境への負担の増加，食料の確保の困難，楽しみを奪うことにつながりかねない。

　次に「立場2」のメリットは，「立場1」のデメリットとして考えられることと同様であり，アフリカの人々が重要視していることや，生活・コミュニティのしくみの意味への理解を深められることである。アフリカのコミュニティには，アジアのコミュニティとは異なる考え方や暮らしが存在する。このような立場をとることは，経済成長を優先する議論から，社会・環境・持続性なども重視するような包括的な議論・「人間の安全保障」を重視する議論に変化してきたという国際協力や開発の潮流にも沿っている。特に「人間開発」（人々の選択肢を拡大するプロセス，健康，知識，技能などの改善を通じた人間の潜在能力の形成，人々が獲得した潜在能力を使用させるという2つの側面を持つ）の議論が盛んになった1990年代以降，途上国の人々の生活条件の改善には「参加」が不可欠であるという認識が広がり，ガバナンスの重視，包括的・網羅的アプローチ，援助協調アプローチ，ミレニアム開発目標（MDGs）と持続可能な開発目標（SDGs）につながってきた（下村ほか，2016，紀谷・山形，2019）。国際協力の課題は多様化し，援助する国々も開発のパートナーとして，相手国の地域社会の状況をよく知ることが求められ，どのように働きかけ，能力を育てていくかという，支援のプロセス組み立ての巧拙が問われる時代になっている。先進国が，アフリカから，平等性や地域性を維持しながらコミュニティを発展させる方法を学べるというメリットもある。国家や市場に過度に頼らず，多様な食料を生産・消費し，人々が分かち合いを通じてつながり，楽しみや生きがいを見出すというコミュニティの持続性は，アフリカの社会や経済の固有な特徴であり，先進国の地域社会で失われてきたものである。

　ただし「立場2」のデメリットとしては，「立場1」のメリットで指摘し

第1章 「食」でつながるアフリカのコミュニティを知るために

たことと同様であるが，アフリカの社会や経済の問題点や解決策を明確に分かりやすく説明できない。アフリカの農業やコミュニティでの暮らしをよく観察し，そこに当該社会での重要な意味があると理解するのみでは，アフリカの1人当たりGDPの低さや貧困率の高さという問題の解決に向けてのアプローチの必要性や方法が見えにくくなる。

　そのため，複雑で多様な地域の現状を理解したうえで，アフリカに住む人々の意見を尊重しつつも，外部者としての知見も取り入れながら，開発の取組を進めていくことが重要である。両方の立場のメリット・デメリットを理解したうえで，まずは「立場2」のように，「アフリカの社会・経済の独自性に対する理解を深める」ことから出発して，なぜこのような現状に至っているのかを把握し，理解不足を解消する必要がある。そのうえで，問題点を明らかにし「立場1」の考え方もとりいれて，開発への取組を考えていく。では，どのような方法をとれば，アフリカへの理解を深められるであろうか。

1.2　どのような方法で研究するか？

● この本では，経済学，社会学，人類学などの方法を組み合わせ，対象社会をまるごと深く理解することを目指す。

　この本では，末廣（1993）や笹岡（2012）の研究の姿勢を参考に，アフリカのコミュニティを「まるごと深く」理解することを目指す。そのために，政策，地域の出来事，歴史，個人史，社会的地位，民族，生業，文化，宗教，意識など幅広い事柄についての調査結果を用いながら，人々の考え方や暮らし全体をとらえる。研究方法として，経済学，社会学，人類学などのさまざまな方法を組み合わせる（**図表1-3**）。アフリカ（ケニア）のコミュニティの特徴を把握するために，東南アジア（インドネシア）のコミュニティとの比較も行う。以下では，経済学，社会学，人類学の順に，どのような先行研究を踏まえて分析するのかを説明する。

13

図表1-3　この本の研究方法

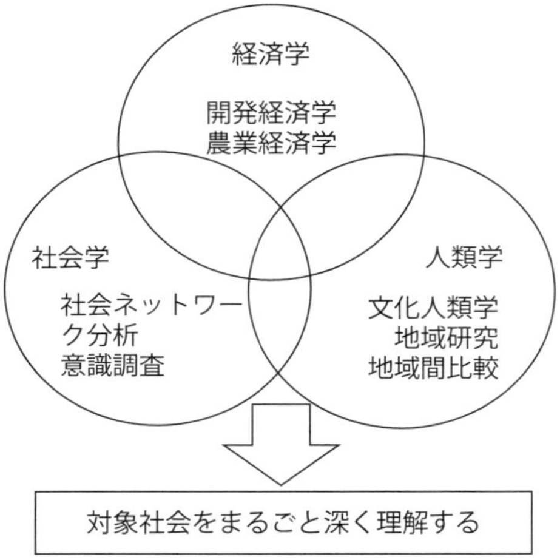

経済学

開発経済学
農業経済学

社会学

社会ネットワー
ク分析
意識調査

人類学

文化人類学
地域研究
地域間比較

対象社会をまるごと深く理解する

出所：筆者作成。

● 経済学の手法でアフリカ経済の特徴をとらえよう

　まず，アフリカの貧困やその原因を考察する際は，経済学（開発経済学や
農業経済学）の手法を参考にする（第2章など）。通常，経済学の議論にお
いては，独立した合理的な経済人（利益の最大化を目指す個人）が想定され
ている。経済学の分野では，アフリカの経済を発展させ，1人当たり所得を
引き上げて貧困を解消するために，限られた資源を有効に活用する戦略（農
業生産性向上の方針・方法）が提示されており，この本の対象国のケニアで
も経済学の考え方に沿った農業開発戦略がとられていることを紹介する。

　第3章，第4章などでは，アフリカや東南アジアのコミュニティにおける
人々の暮らしをミクロレベルでとらえるために次のようなアプローチをとる。
農家経営分析では，対象地域の農家世帯を単位として，生産部門や消費部門
も全体的に考慮しつつ，生計の実態を把握する（辻村，2007など）。生産・
消費を包括する農村世帯の生計戦略に焦点をあて，多様な地域，階級，農業
タイプなどをカバーし，ミクロ＝マクロの諸条件を客観的につめていこうと

14

第1章　「食」でつながるアフリカのコミュニティを知るために

する「生計アプローチ」の枠組みも参照する（Ellis and Freeman, 2007, 高根, 2007など）。生計アプローチの枠組みでは，世帯の生計を，資産（資本）と経済活動，それらへのアクセスの総体としてとらえる。調査対象者の所得・消費水準のみならず，土地や社会的資本（社会関係）にも留意しながら，どのように経済的資産にアクセスしているのか，所得・消費の水準がどの程度であるのかを把握する。

● 社会学の手法でアフリカ社会の特徴をみてみよう

　この本では，経済・お金の側面だけではなく，アフリカや東南アジアのコミュニティにおける人々の社会（宗教・文化・自然などさまざまなことと関連する）を全体的にとらえるために，社会学の手法も取り入れる（第3章，第4章など）。

　例えば，社会ネットワーク分析（Social Network Analysis）の方法を用いて，世帯を超えた食の分かち合いや雇用などのネットワークをとらえる。社会ネットワーク分析とは，社会構造を「財貨サービス，情報，態度，行動を他の主体に伝達する主体間の社会的紐帯のネットワーク」としてとらえる方法である（Scott, 2000, de Nooy et al., 2005, Granovetter, 1985など）。ある人の行為を，その人の属性（年齢，性別，資産の水準など）のみならず，他の人との社会関係や，その人が所属しているグループ（コミュニティなど）の社会関係の全体の構造によっても決定づけられると考える。社会ネットワーク分析を用いると，対象の人が，グループにおいてどの程度中心的存在であるのか，どの程度社会的地位が高いのかなどを，数字やグラフを使って把握し，グループ内の人の地位を比較することもできる。社会的紐帯・主体の間の関係は，具体的にはグラフ（主体の数を表す点と，主体相互の関係・結びつき方を表す線又は矢印からなる）によって図示・可視化される（de Nooy et al., 2005）。グラフは，それぞれの主体（点）が備える属性に関しての詳細な情報を捨象し，対象とするネットワークの中に「どれだけの主体がいるのか，主体の間がどのようなパターンで結ばれているのか」とい

15

うこと（のみ）を表現する。ネットワークの全体の構造や，それぞれの人の相対的地位を測定できることが，社会ネットワーク分析の利点である（安田，2001）。コミュニティにおける食料の分かち合いに関するこれまでの研究の多くは，特定の地域の調査に基づく定性的な記述が主であった（Woodburn，1982，市川，1991，笹岡，2008，2012，竹内，1995，杉村，1996，2004など）。定量的な視点も取り入れ，ある程度の規模の集団における分配の内実を検討したような論考は，北西（1997），今村（1993），飛田・氏家（2020）などに限られる。この本では，ケニアとインドネシアの商業的稲作農村を事例に，近隣に居住する農民からなる集団（コミュニティ）を対象とし，農民によるコメの生産や消費の過程，分配の実態といった食料を通じたつながりの特徴やコミュニティの中の人の地位を，客観的に把握する。

　また，食の多様性や食文化がどのように維持されているのかを考察するために，食料消費や食に対する意識に注目した調査や分析の方法もとりいれる（第3章）。近年，開発途上国に暮らす人々も，先進国に暮らす人々と同様に，食生活におけるこだわりや経済性などに対するさまざまな意識を持つといわれている。アフリカや東南アジアでは，食の欧米化が進展し，消費の特徴や栄養状況が変化した。すなわち近年の開発途上国では，飢餓や栄養不足の問題のみならず，炭水化物・糖分の過剰摂取，野菜・果物の摂取不足など多様な栄養問題が深刻化している。そのため，栄養摂取パターンの変化と，低体重・過体重・微量栄養素不足という栄養面の問題との関連や，豆類や野生植物などの摂取と主観的健康との関連についての検討がなされている（Keding，2016，Sakamoto et al.，2021，Sakamoto et al.，2023，阪本ほか，2021）。これらを参考に，ケニアの女性の食に関する意識調査を行い，民族の伝統料理・食文化がどのように認識され，受け継がれてきたのかについて考える。

● 人類学の手法もとりいれよう

　さらにこの本では，現地調査から得られた情報に基づき，文化人類学・地

域研究・地域間比較といった，人類学的な手法による分析も行う（第3章，第4章，第5章）。インドネシアにおける自然保護政策について考察した笹岡（2012：32-34）が指摘するように，地域の人びとが可能な限り主体性を発揮できる開発のあり方を模索するには，「外部者による深い地域理解」，すなわち「フィールドワークや民族誌的アプローチなどに基づき，地域の人びとにとっての資源利用の意味や彼らの資源保全における役割を理解すること」が重要である。同様に「モラル・エコノミー」論は，経済発展前の東南アジアの農村社会において，生存維持・食料の確保を志向する規範が生活に組み込まれていたというスコットの議論であるが，今日も，アフリカのコミュニティにおける食料の分かち合いや食を通じた社会関係が成り立つ背景の理解に有効である（スコット，1999，鶴田，2012など）。すなわちアフリカでは，市場経済原理（競争原理・合理的個人の経済的利益の最大化）のみならず，モラル・エコノミーを重視するような行為が良いものであると認識されるような社会的特徴がある。これらを踏まえ，ケニアやインドネシアの現地調査では，コミュニティの社会的規範（そのコミュニティで常識とされるような考え方），日々の暮らし，農産物の利用，食に関するつながりを包括的に把握する（笹岡，2008，石井，2007）。

　また第5章では，ケニアとインドネシアの調査の結果を踏まえて，アフリカのコミュニティが他の地域（この本における比較対象は，20世紀までアフリカと同程度の経済発展レベルにあったとされる東南アジア）のコミュニティに比べてどのように異なるのかを，経済的・社会的・文化的側面から総合的に明らかにする。もちろんコミュニティのあり方は，国の中，農村内部でもさまざまな形態をとる。しかしここではそういう地域内部のちがいにはいったん目をつぶって，アフリカと東南アジアを比較する（鶴田，2012を参照）。

　現在では東南アジアの農業生産や経済発展の状況はアフリカよりも格段に「進んでいる」といえる。なぜ東南アジアでは経済発展が成功したのに，アフリカでは成功しなかったのかは，人々の行動原理に注目した文化人類学的

アプローチや自然条件，農業の観点から考えられてきた（Hyden，1980，杉村，2004，山田，1997，嶋田，2007）。この本と同じように人々の暮らしやコミュニティの観点からアフリカと東南アジアを比較した研究では，「サブシステンス」（生存に必要な物資の獲得，市場や国家になるべく頼らずに自立的に生活をいとなむための物質的・社会的・精神的基盤，鶴田，2012：332）が注目されてきた。つまり東南アジアでは食料などの生存に必要な物の確保において市場が大きな役割を果たしているのに対し，アフリカでは食料を自分で作ったり，コミュニティで交換したりすることにより食料などを確保している。アフリカの人々の方が，東南アジアの人々よりも，市場からの財やサービスの購入に依存する度合いが少ないという観点から，自立しているとみなせる（鶴田，2012）。アフリカと東南アジアのコミュニティや暮らしの全体を比較した研究では，農業・稲作開発において，生計多様化，自給作物生産の改善などにより食料の確保の基盤を損なわないための配慮をするといった，東南アジアの稲作開発とは異なるアプローチが必要であることが示唆されているが，こうした比較の実証研究は限られている（鶴田，2007，2012，杉村　2004，2007など）。これまでの研究蓄積から得られた知見を活用するためにも，アフリカ，東南アジアの両地域における「食料」に注目した研究の蓄積やレビュー，比較研究の蓄積が必要である。なお，サブシステンスという言葉は，国家や市場制度に頼らない自律的な生存基盤の維持という積極的な意味でつかわれることが増えている（杉村ほか，2023：8-9）。この本では，「サブシステンス」の意味を踏まえながら，アフリカと東南アジアのコミュニティを比較し，どのようにそれぞれのコミュニティにおける暮らしが成り立っているのかを考える。ただし「サブシステンス」よりも理解しやすい言葉として，「食料の確保」という言葉を用いる（実際には，食料のみならず，現金などの生存の維持に必要なさまざまな物の確保を意味している）。

第 1 章　「食」でつながるアフリカのコミュニティを知るために

● 経済学・社会学・人類学の組み合わせによって何がみえてくる？

　この本では，経済学・社会学・人類学などさまざまな手法を取り入れて，アフリカと東南アジアのコミュニティにおいて，人々がどのように暮らしているのか，どのようにコミュニティが続いてきたのか（あるいは衰退してきたのか）を，食料の確保や分かち合いに注目して理解する。

　人類学的な手法による対象の深い理解は必要であるが，各地域の特徴の記述にとどまっていては，一般的な学問分野への貢献や，他の地域の開発の取組にも参考になる教訓を導くなどの実践的な意味が薄れてしまう。そこで，対象の社会の固有性，文化，慣習を，人類学の手法により定性的に（数字を使わない分析によって）深く理解すると同時に，経済学や社会学の手法によって，経済水準や社会関係の特徴を定量的に（数字・グラフを使って）理解し，比較も行う。そして，対象とする社会や個人の「固有性」をとらえるだけではなく，数字を使った客観的理解や比較も行う。定性的手法と定量的手法の組み合わせにより，この本の分析で分かったアフリカの事例を参考に，広く一般的な学問・開発・国際協力の議論への教訓を得ることができる点に，この本の価値がある。

1.3　この本を読むことで何が分かるか？

　● この本を読むと，アフリカのコミュニティが，①**食の自給性**，②**貧者に食を与える寛容性**，③**食の平等性**，④**食の多様性**，⑤**食文化の継承**の 5 つのしくみに支えられていることが分かる。アフリカのコミュニティを学ぶと，持続可能な開発目標（SDGs）の達成に向けて，アフリカの人々とともに現地の価値観を大事にしながら開発を進める方法を考えるきっかけになる。さらに，世界各国で進んでいる地域のコミュニティの衰退に歯止めをかけ，発展をかなえるために何が必要かを考えるきっかけにもなる。

● 調査地はどのようなところ？

　この本で扱う主な調査地は，アフリカのケニアと東南アジアのインドネシ

図表1-4　ケニアとインドネシアの調査地

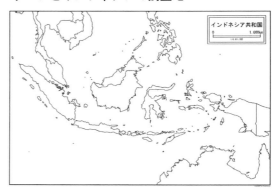

出所：筆者作成
（地図）https://www.freemap.jp/itemFreeDlPage.php?b=africa&s=africa_1

アにある稲作農村である。（**図表1-4**）。この2地域では，コメが生産され，コメの販売によって生計を立てる稲作農家が多く居住する。都市にアクセスしやすく，インターネットや携帯電話も普及している。ケニア・ムエアは，国家が設立した大規模で近代的な稲作地帯であり，消費が増加しているコメを増産するための政策・国際協力の取組が実践されている。その意味で，国家や市場との結びつきが強い。そういった商業的稲作地帯でも，筆者の調査からは，コメを食料として消費したり，分かち合うことによって人々がつながりあっており，コミュニティが維持されてきたことが指摘されている（伊藤，2016など）。また，東南アジアにおける一大コメ生産国インドネシアでは，有機農業が普及しつつある村のあるジャワ・タシクマラヤ県を調査対象地とする。この地域では有機農法によってコメが生産され，国際認証を取得して，外国に輸出されるようになった。外国の市場との結びつきが強まる中で，ケニア・ムエアの事例とは逆に，伝統的なコメの分かち合いの機会が減り，経済格差が拡大し，コミュニティは衰退していった（伊藤，2018aなど）。このような調査結果を踏まえ，さまざまな開発途上国において一様に推し進められてきた商業的開発政策が，アフリカと東南アジアのコミュニティにど

第1章 「食」でつながるアフリカのコミュニティを知るために

図表1-5 アフリカと東南アジアのコミュニティの比較

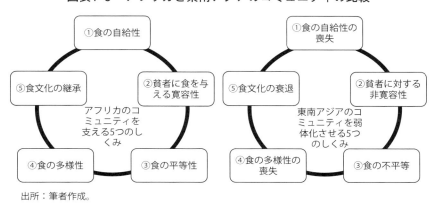

出所：筆者作成。

のような異なる影響をもたらしてきたのかを明らかにする。アフリカでは東南アジアに比べ，コミュニティの伝統文化・社会規範が保たれてきたといわれている。今後，市場化が進んでも，コミュニティの自立性・持続性を保つにはどのような要素が重要であるのかについて，この本の知見が，基礎的情報の提供につながると考える。

　アフリカと東南アジアのコミュニティの比較をすると，アフリカのコミュニティは，①**食の自給性**，②**貧者に食を与える寛容性**，③**食の平等性**，④**食の多様性**，⑤**食文化の継承**の5つのしくみに特徴づけられることが分かる（**図表1-5**）。これらは，アフリカの農村に広くみられる食料分配の行為や，見返りを求めない贈与を良いことであるとみなすような規範が今日も持続していることを示唆している。①・②・③は，どのように人々が安定的に多様な食料を確保しているのか，コミュニティにおいて貧しい人にも食料が与えられ，生存が保障されているのか，④・⑤は，どのように食の多様性や民族・地域の固有の食文化が維持され，次世代に継承されているのかを示す。これらの①〜⑤の要素は互いに関連しながら，アフリカのコミュニティにおいて人々が食料でつながりあうことを可能にしていると考えられる。

　逆に，東南アジアのコミュニティにおいては，商業的農業開発の過程で，

21

①食の自給性の喪失，②貧者への非寛容，③食の不平等，④食の多様性の喪失，⑤食文化の喪失の方向に変化してきたと考えられる。アフリカと比べると，東南アジアのコミュニティにおける社会関係が分断されてきた過程も，この本で取り上げる事例や他の研究のレビューに基づく地域間比較の考察により理解される。

● この本の全体を通じて考えること

　図表1-6には，この本の全体像を示している。以下で第2章以降の概要を紹介する。

　第2章でアフリカ社会や経済の概要を，東南アジアの特徴と比べながら述べる。主な産業である農業に関するデータをまとめ，アフリカで食料不足が起きているという見解や，アフリカの多様な食料の生産の状況を明らかにする。第3章では，アフリカのコミュニティやその国家・市場との関連に注目し，先述した5つのしくみをとりあげる。この本の主な調査地であるケニア最大の稲作地帯の開発の流れの中で，コミュニティがどのように形成されて維持されてきたのかを考える。第4章では，近代化・経済発展に伴って弱体

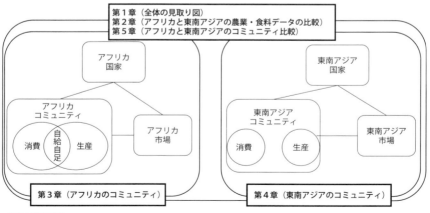

図表1-6　この本の全体像

出所：筆者作成。

化してきた東南アジアのコミュニティの例を取り上げる。インドネシアでは，有機農法を用いたコメの生産・輸出により一部の農家の所得が増加したことや，その過程でどのようにコミュニティが衰退してきたのかを理解する。第5章ではアフリカと東南アジアのコミュニティの特徴を整理したうえで全体を要約し，アフリカのコミュニティが新しい開発モデルとなりうる「可能性」を提示する。今後，さらにアフリカの人口が増え続け，日本とアフリカの人々の交流は深まっていくであろう。アフリカの人々との関わり合うときには，「遅れているアフリカ」に対して何ができるのかのみならず，「可能性を持つアフリカ」から何を学べるのだろうかということも考えてみてほしい。

第1章のまとめ

　第1章の最後にポイントを整理し，「問い」への「答え」の例を示す。

1.1　なぜアフリカの「食」に注目するのか？

　この本ではアフリカのコミュニティの「食」を通じたつながりに注目する。アフリカ経済は遅れているとみなされているが，環境に合った食料生産，平等な食料分配など多くのメリットがある。アフリカで人間関係・社会秩序，コミュニティが維持されてきたしくみを理解することは，我々が目指す持続的な望ましい未来像を考えるきっかけになるであろう。

1.2　どのような方法で研究するか？

　アフリカの社会や経済の特徴をまるごと深く理解するために，経済学，社会学，人類学の方法を組み合わせる。人類学的手法で文化や地域の特徴を理解すると同時に，経済学や社会学の手法で所得水準や社会的地位を数字・グラフで表し比較する。こうした方法により，特定地域の特徴を理解できるというだけではなく，いろいろな地域に適用できる，国際開発や地域の発展をかなえるために必要なことについて教訓を得られる。

1.3 この本を読むことで何が分かるか?

　この本ではケニアやインドネシアのコミュニティでの暮らしを具体的に紹介する。そしてアフリカ（ケニア）のコミュニティは，①食の**自給性**，②**貧者に食を与える寛容性**，③**食の平等性**，④**食の多様性**，⑤**食文化の継承**の5つのしくみに特徴づけられることを示していく。ケニアの事例では，経済効率性のみならず，食料の確保における平等性や食文化の継承も維持されており，人間関係が維持されてきた。アフリカのコミュニティから，自立的で平等な社会の実現，持続可能な開発や地域の発展といった望ましい未来像をどのように実現していくのかを考えるヒントを得られる。

第1章　注

（1）「アフリカ」は，アフリカ大陸に位置する国を指す。サブサハラ・アフリカ（サハラ以南アフリカ）とは，アフリカ大陸の国々から北部アフリカ諸国を除いた地域を指す。北部アフリカ（アルジェリア，エジプト，リビア，モロッコ，チュニジア，西サハラ，スーダン），中部アフリカ（アンゴラ，カメルーン，中央アフリカ共和国，チャド，コンゴ，コンゴ民主共和国，赤道ギニア，ガボン，サントメ・プリンシペ），西部アフリカ（ベナン，ブルキナファソ，カーボベルデ，コートジボワール，ガンビア，ガーナ，ギニア，ギニアビサウ，リベリア，マリ，モーリタニア，ニジェール，ナイジェリア，セントヘレナ，セネガル，シエラレオネ，トーゴ），東部アフリカ（ブルンジ，コモロ，ジブチ，エリトリア，エチオピア，エチオピア連邦民主共和国，ケニア，マダガスカル，マラウイ，モーリシャス，マヨット，モザンビーク，レユニオン，ルワンダ，セーシェル，ソマリア，ウガンダ，タンザニア連合共和国，ザンビア，ジンバブエ，チャゴス諸島，南スーダン，フランス領南方・南極地域），南部アフリカ（ボツワナ，レソト，ナミビア，南アフリカ共和国，エスワティニ）と分類する（2024年時点のFAOSTATの分類による）。

（2）調査費用などの詳細は巻末の付記を参照。

（3）この本における「東南アジア」とは，ブルネイ，カンボジア，インドネシア，ラオス，ミャンマー，フィリピン，シンガポール，タイ，東ティモール，ベトナム，マレーシアとする（2024年時点のFAOSTATの分類による）。

第2章

アフリカの経済・社会の特徴
~東南アジアとの比較~

第2章のポイント
- アフリカでは，食料の生産量が不足し，農業開発の遅れが経済成長を妨げてきたといわれている。このような理解に基づき，アフリカで食料（コメなどの穀物）の生産量を増やすため，農業技術の向上が目指されている。
- アフリカでは，イモ類，トウモロコシ，コメなど多様な食料が生産され，食べられている。アフリカの人々の食料が十分であるのか，フードセキュリティが維持されているのかを考える時には，特定の食料の生産量のみに注目するのではなく，イモ類なども含めてさまざまな種類の食料を安定的に確保できているのかも，理解する必要がある。
- 東部アフリカのケニアでは，さまざまな種類の食料の1つとしてコメが位置付けられる。日本の協力も受けながら，農業技術の向上によるコメの生産量の増加のための取組が進められてきた。

第2章の位置づけ（アフリカと東南ジアの農業・食料データの比較）

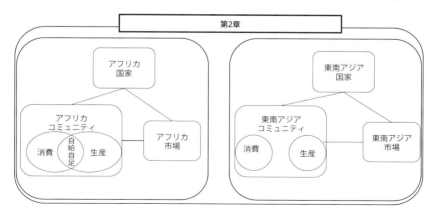

2.1 アフリカの経済・社会の特徴は何か？

● アフリカでは，食料の生産量が不足し，農業開発の遅れが経済成長を妨げ
てきたといわれている。このような理解に基づき，アフリカで食料（コメ
などの穀物）の生産量を増やすため，農業技術の向上が目指されている。

● **アフリカの経済発展は東南アジアに比べて遅れてきた**

第2章では，アフリカの社会や経済の大まかな特徴を東南アジアと比較する。1970年代，アフリカの1人当たりGDPは，東南アジアの1人当たりGDPを上回っていた。東南アジアの1人当たりGDPはその後上昇し，アフリカの1人当たりGDPはあまり伸びなかった。2020年代のアフリカの1人当たりGDPは，東南アジアの1人当たりGDPを大きく下回る（**図表2-1**）。なぜこのような差が生まれたのであろうか。

図表2-2は，アフリカと東南アジアの第1次産業（農業・林業・水産業など）のGDPシェアである。2000年のアフリカにおける第1次産業の比率は徐々に増加してきた。他方で東南アジアの第1次産業の比率は低下してきた。アフリカの第1次産業の比率は，東南アジアに比べ高い。一国の産業は，第

図表2-1　アフリカと東南アジアの1人当たりGDP

（単位：USD）

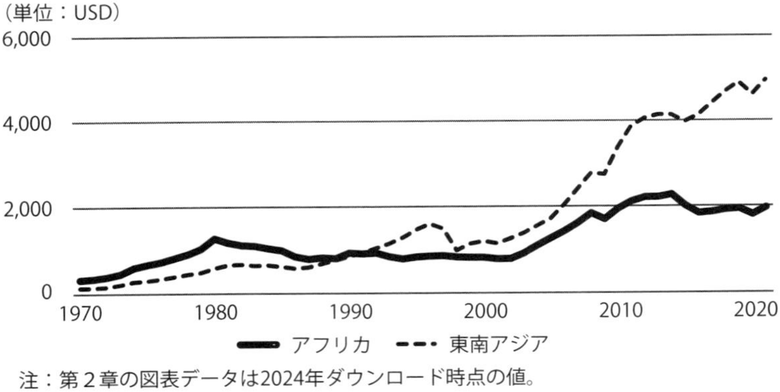

注：第2章の図表データは2024年ダウンロード時点の値。
出所：FAOSTATより筆者作成。

26

第 2 章　アフリカの経済・社会の特徴

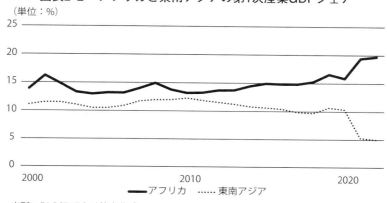

図表2-2　アフリカと東南アジアの第1次産業GDPシェア

出所：FAOSTATより筆者作成。

1次産業，第2次産業（工業，鉱業など），第3次産業（サービス業）から構成され，経済発展に伴って第1次産業の相対的比重（一国の総生産額に占める当該産業の生産額の比率で表される）が低下し，第2次産業の比重が高まり，続いて第3次産業の比重が高まる。経済構造の変化の一般的傾向は「ペティ＝クラークの法則」と呼ばれる。経済発展の過程で1人当たりGDPが上昇すると，人々が需要する財やサービスの内容が変化するためである。1人当たりGDPが低い場合，人が生きていくために最も重要な財は食料で，お腹を満たすために所得の多くを食料の購入にあてる。1人当たりGDPが高くなると工業製品の購入，教育，医療，娯楽などの需要が増える（福井ほか，2023）。アフリカは現在も比較的貧しく，食料が重要な財であるという状況にある。

図表2-3はアフリカと東南アジアにおける人口の推移を表している。国連によるとアフリカの人口は21世紀中ごろ世界人口の25％程度に，2100年には40％に達すると予測されている。1950年のアフリカの人口は東南アジアの人口の1.4倍程度であった。その後アフリカの人口は急速に増加し続け，東南アジアの人口の伸びは緩慢であった。2021年のアフリカの人口は，東南アジアの人口の2倍以上である。アフリカでは，妊産婦死亡率の減少，教育・医

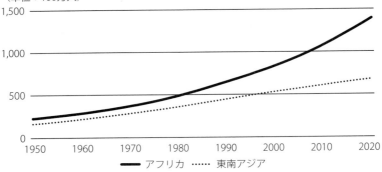

図表2-3 アフリカと東南アジアの人口

出所：FAOSTATより筆者作成。

療の改善などにより死亡率が減少してきたが，一夫多妻制，児童婚，文化的理由などにより，出生率はあまり変化していない（United Nations Population Division，平野，2022）。

● アフリカの農業生産性の低さが，経済発展の阻害の根本要因

　以上のように，アフリカでは東南アジアに比べて1人当たりGDPが低く，第1次産業のGDPシェアが高く，人口が増加している。経済学の分野では，穀物の生産性の低さ（1人当たり穀物生産量や土地面積当たりの穀物生産量）が経済発展を妨げることが指摘されている。

　つまり，人口が増加しているのに食料（ここでは，トウモロコシ，コムギ，コメなどの穀物を意味する）の生産量があまり増えていないので，食料が不足し，食料価格の高騰，穀物輸入の増加，製造業の投資の不足などが起き，製造業が発達せず，アフリカの経済発展が阻害されているとされる（平野，2009，2013，大塚，2020，速水，2000，2004）。

　ここで，アフリカの穀物の生産性の特徴を，1人当たり穀物生産量と，穀物土地生産性のデータにより把握する（図表2-4，図表2-5）。アフリカでは，人口が増えているものの，穀物の生産量はそれほど増えていないため，1人

第 2 章　アフリカの経済・社会の特徴

図表2-4　アフリカと東南アジアの1人当たり穀物生産量

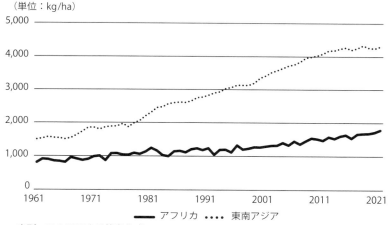

図表2-5　アフリカと東南アジアの穀物土地生産性

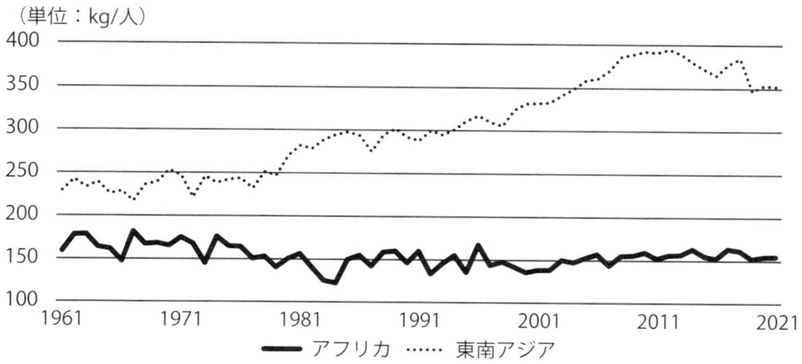

出所：FAOSTATより筆者作成。

当たり穀物生産量は増加してこなかった。それほど急速に人口が増えず、穀物生産量が増加した東南アジアでは、1人当たり穀物生産量は増加した。2021年の東南アジアにおける1人当たり穀物生産量・穀物土地生産性は、アフリカのそれらを大きく上回る。また、東南アジアの穀物土地生産性は1970年代頃から変動しつつも上昇してきたが、アフリカの穀物土地生産性は低迷

29

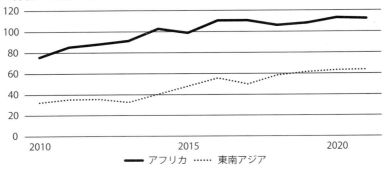

図表2-6　アフリカと東南アジアの穀物輸入量

出所：FAOSTATより筆者作成。

してきた。東南アジアとアフリカの穀物土地生産性の格差は拡大し続けてきた。

東南アジアでは，コメ，コムギ，トウモロコシなどの農業新技術である「緑の革命」が成功し，穀物土地生産性の向上が貧困削減や国の経済発展に大きく貢献した（福井ほか，2023，北原，2000）。東南アジアでも農業生産性が停滞していた時期，1人当たりの食料が減少し，農村での貧困問題が深刻化した。国際稲研究所を中心としたコメの「高収量品種」の研究開発と新技術の普及，灌漑の開発，肥料への補助金，農民への融資の提供によりコメの収量が大幅に上昇した。

他方でアフリカでは農業近代化が進まず，穀物土地生産性が低迷してきた。アフリカにおける穀物土地生産性は元々低い水準であったが，1990年代に在来的技術進歩（近代的技術によらない緩慢な技術改良）の余地を使い果たし定常状態に入ったといわれている（平野，2009）。

アフリカでは，穀物の輸入が増えている。アフリカの穀物輸入量は2010年時点で東南アジアより多かった。その後も輸入量は増加し続け，2021年のアフリカの穀物輸入量は，東南アジアのそれを大きく上回る（図表2-6）。アフリカの人口増加・都市化にともなって，従来消費されてきた伝統的主食

第2章　アフリカの経済・社会の特徴

（イモ類，トウモロコシなどの利用）から，より調理時間や手間の少ない主
食（コメ，コムギ製品）が好まれるようになった（安渓ほか，2016）。しか
しアフリカでは，水不足や天候・土壌条件などにより，あまりコメやコムギ
の生産量は多くない。そして，大量のコメやコムギの輸入が行われるように
なっている。このように穀物輸入が増加するにともない，世界の穀物価格が
上昇することは，アフリカにとって大きな打撃となりうることが懸念される。
2008年の「食料危機」の際には，コメの価格の上昇への抗議のストライキも
起きた。世界中の穀物市場はつながっており，気候変動にともなって世界の
穀物生産量が減少することが予測されている。2009年以降，アフリカの穀物
輸入量は，我が国の輸入量を超えるようになった。アフリカの人口増加は，
他の地域よりも高水準で今後も持続するとみられている。穀物の生産量が著
しく増加しない限りは，穀物輸入量はさらに増加し，国際的な食料の需給や
価格にも影響を与える可能性が高い。穀物価格が上昇することによって輸入
が困難になれば，アフリカの食料不足はさらに深刻になるであろうとされて
いる（平野，2013など）。

● **穀物生産性の低さが，どのように経済成長を妨げるのか？**

　東南アジアとのデータの比較から，アフリカの経済・農業の特徴として，
①1人当たりGDPの低迷，②第1次産業シェアの高さ（製造業の未発達），
③人口の増加，④低い穀物生産性，⑤穀物輸入量の増加が指摘された。これ
らの点は，相互に関連しながら，アフリカの食料不足や経済の低迷をもたら
していると認識されている。例えば，以下のような「マルサスの罠」や「リ
カードの罠」と呼ばれる議論がある。

　「マルサスの罠」とは，つぎのような事態をいう（Malthus, 2008, 水島,
2010）。人はねずみ算的に子どもを産むので人口は幾何級数的に増加する一
方，食料生産量は土地資源によって制約されるので，労働力を追加しても追
加した労働力分ほど生産の増加が起きず，生産力が低下して1人当たり所得
が低下していく。しかし，その低下は最低生存費以下にまでいくことはない。

31

というのは人口増大によって生ずる食料不足が飢えや病や戦争を導き，人口を減少させるからである。

「リカードの罠」とは，農業部門での制約から近代部門の発展の停滞を招くことである（福井ほか，2023，水島，2010）。経済が順調に発展すると，近代部門の賃金が上昇し，都市部での食料需要が増加する。しかし農業部門が停滞し，近代部門の食料需要増に応じた供給ができなくなると，食料輸入が増大し外貨が不足することになる。

東南アジアと比べると，アフリカの穀物土地生産性が低迷してきた要因としては，人口密度の低さ，天候不順，貧弱な土地，風土病など，様々な理由が挙げられてきた。また，東南アジアにおける穀物の増産により国際価格が長期的に低下して農業の収益性が下がる中，1980年代頃からアフリカに向けた農業開発分野のODAが減少したという国際的要因が指摘されている（櫻井・Ndavi，2008）。東南アジアでは，コメの改良品種，化学肥料，農薬など土地生産性を向上させる農業技術が，灌漑，金融制度，農民組織の整備など強力な政策的な取り組みによって全国の農民に普及した。他方でアフリカでは，小農経済の自由な発展を阻むような各国政府の不適切な農業政策が農業の低成長を招いたとする政治的要因を重視する見解がある（Bates，1981）。政治権力者は，穀物など食料価格を低く設定して小農の利益を縮小させながら，政治的な結びつきの強い大規模農園に対して補助金の提供や貿易独占の優遇策を講じるなど，小農を搾取して自らの政治権力の維持と富の拡大を図る「農業収奪的」政策をとったという。東南アジアでは植民地期以前から定着稲作農耕社会が築かれ，国家による農村社会の統制と管理の体制のもとで，「緑の革命」期における政府主導の農業技術の普及が可能になった一方，アフリカでは厳しい自然状況のもとで，農業，牧畜業，非農業活動，出稼ぎなど，多様な生計を組み合わせつつ，移動を繰り返しながら生活する人が多く，農村社会が国家の管理を受けづらかったという見方もある（Hyden，1980）。さらに，世界的に流通しており，研究開発も進んでいるようなコメやコムギ，飼料用トウモロコシの生産は，アフリカにおいては比較的少ない。その代わ

り，食料用トウモロコシ，ミレット，ソルガム，イモ類などの生産・消費が比較的多い。そのため，アフリカにおける食料作物の特徴やその多様性も，単一品目の集中的な研究開発や画一的農業技術の普及を難しくしており，低い生産性につながっている一因であると考えられる（杉村ほか，2023）。

● どうしたらアフリカの穀物生産性を向上できる？

　以上のように「マルサスの罠」や「リカードの罠」の議論に基づくと，「アフリカにおける穀物土地生産性が低い」ことが，人口増加にともなう食料不足を深刻化させ，穀物輸入増加による外貨不足，食料価格高騰を通じて経済成長を制約する「元凶」であるとみなされる。これはいいかえると，アフリカの1人当たりGDPや穀物土地生産性の低さを「遅れている」とみなす立場である（**図表1-1の左側**）。こうした立場から，問題を解決し経済を発展させるためには，穀物土地生産性向上のための農業技術革新が必要であると議論されている。政府が技術普及のための適切な農業政策を実行し，農業生産性を向上させ，アジアのような「緑の革命」を実現するという農業開発の方針が定められている（平野，2009，大塚，2020）。特にアフリカで消費が伸びているコメの増産の試みに国際的な関心が高まった（Africa Rice Center，2011）。

　日本も，アフリカの農業分野（特にコメの生産・流通）の開発に貢献してきた。2008年のTICAD（東京アフリカ会議：Tokyo International Conference on African Development，日本が主導するアフリカの開発についての国際会議）Ⅵにおいて，コメの生産の自助努力を支援するための戦略である「アフリカ稲作振興のための共同体」（CARD：Coalition for Africa Rice development）が発足した（JICA，2008）。CARDは食料価格が高騰し各地で暴動が起きた2008年の食料危機の時期に開かれ，食料安全保障を高めるための具体的な提案の場となった（重富，2009）。CARDは，CAADP：Comprehensive Africa Agriculture Development Programmeというアフリカ連合（AU）が設けたアフリカ自身によるアフリカ開発のためのイニシア

チブ「アフリカ開発のための新パートナーシップ」（NEPAD：The New Partnership for Africa's Development）のプログラムの1つである。アフリカにおけるコメ生産量倍増（1,400万トンから2,800万トン），2025年までの自給達成を目標としていた。公的，私的部門やドナーが参加し，コメの品質，生産性の向上を促している。そのため，新しい種子の品種改良，灌漑の拡大，加工技術の向上，ポストハーベストロスの削減，サプライチェーンの短縮による市場の整備が進められた。アフリカの23カ国がCARDに参加し，①栽培環境別アプローチ，②バリューチェーンアプローチ，③人材育成アプローチ，④南南協力アプローチがとられた。農業省，政府組織関係者，研究機関などが，コメバリューチェーン（種子・肥料など投入財，収穫後の加工，市場アクセス，金融に関する政策）全般に関わる戦略を提示する「国家コメ開発戦略」（NRDS：National Rice Development Strategy）の策定を進めてきた（JICA，2018a）。

CARDの取組に参加した23か国ではコメ増産が達成されたが，輸入への依存度は高いままであった。そしてより現地の消費者ニーズに合うコメの生産が課題として挙げられた。2019年のTICAD Ⅶにおける「アフリカ稲作振興のための共同体フェーズ2：以下「CARD　フェーズ2」）」では，2030年までにコメ生産量を5,600万トンへとさらに倍増させることに加え，気候変動や人口増に対応した生産安定化（Resilience），民間セクターと協調した現地の産業形成（Industrialization），輸入米に対抗できる国産米の品質向上（Competitiveness），農家の生計と生活向上のための営農体系構築（Empowerment）からなる4つのアプローチ（RICEアプローチ）の推進による，消費者ニーズの把握やバリューチェーン整備が強調されている（JICA，2021a，丸山，2022，伊藤，2017c，2018b，平岡，2018）。

以上のようなアフリカの社会や経済に対するとらえ方は，アフリカの経済発展レベル（具体的には穀物土地生産性）が他の地域よりも低いことを理由に「アフリカは遅れている」とする「立場1」の考え方である（**図表1-1**の左側）。では次に，「アフリカには可能性がある」ととらえている「立場2」

第2章　アフリカの経済・社会の特徴

のような考え方を基に，アフリカで食料が不足していると言えるのかを，
データをみながら改めて考えてみよう。

2.2　アフリカではどのような食料が生産・消費されているのか？

● アフリカでは，イモ類，トウモロコシ，コメなど多様な食料が生産され，
　食べられている。アフリカの人々の食料が十分であるのか，フードセキュ
　リティが維持されているのかを考える時には，特定の食料の生産量のみに
　注目するのではなく，イモ類なども含めてさまざまな種類の食料を安定的
　に確保できているのかも理解する必要がある。

　以下ではさまざまな食料が生産・消費されているアフリカで，人々は食料
を十分に得られているのか，フードセキュリティが維持されているのかを考
える。先に述べたようにフードセキュリティが確保された状況とは，十分な
食料の存在，食料を手にできること，食べることができること，食料をいつ
でも手にすることができることという4つの要素が十分に満たされているこ
とを指し（FAO，2006），食料の確保・食料の保障などと表現できる包括的
な概念である（生源寺，2013：39-43）。国際的なフードセキュリティに関す
る議論では，以前は供給側に焦点が当てられたが，その後は需要側へと視点
が転換し，嗜好および栄養面も対象となっており，フードセキュリティの概
念・定義は多様化してきた（小泉，2019）。

　多くの人がコメを主食とする東南アジアと比べ，アフリカの主食は多様で，
イモ類や食料用トウモロコシも食べられる。かつてアフリカの主食自給作物
とは，オオムギ，シコクビエ，フェニオ，トウモロコシ，トウジンビエ，イ
ネ，モロコシ（ソルガム），テフ，コムギの9種類の穀物と，エンセーテ，
キャッサバ，サツマイモ，タロイモ，ヤムイモの5種類のイモ類（根茎作
物），バナナ，ナツメヤシの2種類の果実が取り上げられていた。今日もイ
モ類の重要性は高いが，統計ではイモ類の水分を含んだ重量が示されていた

35

り，廃棄率が高いこと，収穫時期が一定でないことから，イモ類の生産量として統計に記載された数値は取り扱いに注意しなければならない（藤本・石川，2016）。

● アフリカにはさまざまな主食がある

　図表2-7は，アフリカと東南アジアで生産されている穀物・イモ類の中で，生産量の多い作物の上位10位までの生産量と，上位10位までの作物の生産量の合計に占めるそれぞれの作物の量の割合を表したものである。アフリカでは，東南アジアに比べて，イモ類の生産量が多く，上位を占めている。2021年において，キャッサバはアフリカで最も多く生産されている作物である（東南アジアでは，キャッサバの生産量は２位）。アフリカにおける作物栽培の特色の１つは，ヤムイモ，ジャガイモ，タロイモなどのイモ類の生産量の多さである。トウモロコシの生産量も多い（東南アジアではトウモロコシの生産量は３位）。他方で東南アジアではコメが最も多く生産されている（アフリカではコメの生産量は４位）。またアフリカでは食料の作物が特定の作物に集中せず，複数の作物の生産量が拮抗しているため，東南アジアなどで主食用作物が特定の作物に収斂している状況とは異なることも特徴的である（藤本・石川，2016）。

　図表2-8は，生産量の多い10種類の作物の生産量のグラフである。アフリカでは，異なる種類の作物の間の生産量の差があまり大きくない。生産量第１位のキャッサバの生産量が，上位10位の生産量の合計に占める割合は36％であり，２位のトウモロコシは18％，３位のヤムイモは15％を占めている。４位以下についても，コメ７％，５位から８位までが５％で大きな差がない。

　一方東南アジアでは，コメの生産量が突出して多く，作物生産量の差が大きい。コメの生産量が，上位10位の生産量の合計に占める割合は60％であり，第２位以下（キャッサバ25％など）を大きく上回る。このように東南アジアの方がアフリカよりも，特定の作物への集中度が高いとみられる。アフリカの自然環境・農耕文化には多様性があることや，ヨーロッパ諸国により人為

第 2 章　アフリカの経済・社会の特徴

図表 2-7　アフリカと東南アジアの穀物・イモ類の生産量

	アフリカ（2021 年）				東南アジア（2021 年）		
順位	作物名	生産量（100万トン）	上位10位の生産量の合計に占める割合（％）	順位	作物名	生産量（100万トン）	上位10位の生産量の合計に占める割合（％）
1	キャッサバ	201	36％	1	コメ	197	60％
2	トウモロコシ	100	18％	2	キャッサバ	82	25％
3	ヤムイモ	85	15％	3	トウモロコシ	38	12％
4	コメ	39	7％	4	その他根茎作物	5	1％
5	コムギ	31	5％	5	サツマイモ	3	1％
6	サツマイモ	29	5％	6	ジャガイモ	2	0.72％
7	ジャガイモ	27	5％	7	その他穀物	0.47	0.14％
8	モロコシ	26	5％	8	オオムギ	0.28	0.09％
9	その他根茎作物	16	3％	9	モロコシ	0.23	0.07％
10	ミレット	12	2％	10	コムギ	0.17	0.05％

注：イモ類に関し，Plantains and cooking bananas は Roots に含まれないので除外した。
出所：FAOSTATより藤本・石川（2016）を参照して作成。

図表2-8　アフリカと東南アジアの穀物・イモ類の生産量（棒グラフ）

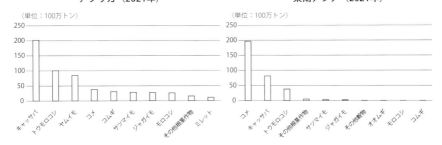

出所：図表2-7より筆者作成。

的に国境線を引かれたという背景もあり，アフリカ全体やアフリカ各国内には複数の農業の類型が存在する。アフリカでは生業の複合性，農法や作物の多様性も指摘されている。

次に，東南アジアではあまり食べられない主食であるイモ類についてデータを見てみよう。アフリカの穀物生産量，1人当たり穀物生産量は低迷・減少してきたが，アフリカのイモ類の1人当たり生産量は増加してきた（**図表2-9**）。アフリカの1人当たりイモ類生産量は，東南アジアにおける1人当

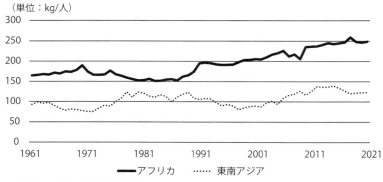

図表2-9　アフリカと東南アジアの1人当たりイモ類生産量

出所：FAOSTATより筆者作成。

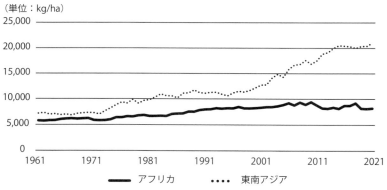

図表2-10　アフリカと東南アジアのイモ類土地生産性

出所：FAOSTATより筆者作成。

たりイモ類生産量を上回る。ただし，アフリカのイモ類の生産量の増加（1人当たり生産量の増加）は土地生産性向上によりもたらされたとはいえず，耕地拡大によりもたらされたと考えられる。**図表2-10**はアフリカと東南アジアのイモ類土地生産性の推移を示している。アフリカのイモ類土地生産性は，東南アジアにおけるイモ類土地生産性を下回る水準で推移してきた。

　イモ類は主にアフリカ域内で生産され，アフリカ域内で消費される傾向がある。グローバル市場での流通があまりされず，地域内で生産・消費され，

第 2 章　アフリカの経済・社会の特徴

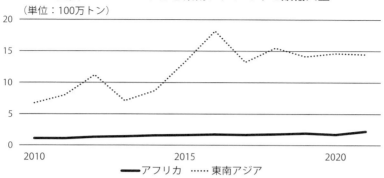

図表2-11　アフリカと東南アジアのイモ類輸入量

出所：FAOSTATより筆者作成。

地元の人にとっては安定的な入手がしやすい作物であるといえる。**図表2-11**のようにアフリカのイモ類の輸入量は低く安定しておりあまり増えていない。他方で，東南アジアのイモ類の輸入量は，変動し増加している。2010年代の東南アジアのイモ類輸入量はアフリカの水準を上回ったまま推移している。

　これらを踏まえて，アフリカの人々が多様な食料を確保できているのかを，自給率に注目して考えていこう。各作物の自給率は，フードセキュリティ（食料の確保・食料の保障などと表現できる包括的な概念，生源寺，2013：39-43）の指標として十分とはいえないが，ここでは，マクロレベルのデータを用いながら，それぞれの作物をどの程度確保できるのかということのある程度の指標として参照する。

　アフリカと東南アジアの両地域で共通して重要な食料作物である，キャッサバ，トウモロコシ，コメ，コムギの4種類に注目し，作物の需給や自給率を確認する。アフリカでは，キャッサバ，トウモロコシ，コメ，コムギの順に生産量が多い。輸入量については，コムギ，コメ，トウモロコシ，キャッサバの順に多く，輸出量はあまり多くない。キャッサバは国内生産量が多く，貿易量が少ない。一方，コメやコムギは生産量が少なく輸入が多い。国内供

39

図表 2-12　アフリカと東南アジアの主な作物の需給

アフリカ （2021 年）	単位	キャッサバ	トウモロコシ	コメ	コムギ
生産量		201,418	100,118	38,591	30,737
輸入量		622	23,763	29,396	55,778
在庫変動		-214	5,458	4,928	2,211
輸出量		167	5,565	1,607	2,490
国内供給量		202,087	112,857	61,452	81,814
飼料	1,000t	37,769	37,879	3,344	7,985
種子		17	1,268	1,237	1,152
廃棄		21,537	8,511	3,699	3,672
加工原料		212	2,180	360	286
その他		11,028	5,657	1,166	3,316
食料		132,886	57,357	50,770	64,851
1 人当たり食料供給量	kg/年	96	41	37	47
1 人当たり食料供給熱量	kcal/日	280	360	230	352
自給率	%	100	89	63	35

東南アジア （2021 年）	単位	キャッサバ	トウモロコシ	コメ	コムギ
生産量		81,636	38,251	196,833	171
輸入量		12,409	19,477	9,034	31,900
在庫変動		-355	349	6,086	1,099
輸出量		43,418	2,002	21,545	2,716
国内供給量		50,981	55,376	178,237	28,256
飼料	1,000t	10,548	32,011	18,586	7,488
種子		-	218	4,719	4
廃棄		5,090	2,158	10,308	73
加工原料		-	371	4,036	624
その他		14,027	13,794	7,771	218
食料		22,837	6,839	131,963	20,301
1 人当たり食料供給量	kg/年	34	10	197	30
1 人当たり食料供給熱量	kcal/日	105	71	1,210	212
自給率	%	160	69	110	1

注：自給率は，（各品目の国内生産量）／（各品目の国内消費仕向け量）。
　　国内消費仕向量＝国内生産量＋輸入量－輸出量－在庫の増加量（又は＋在庫の減少量）。
　　農林水産省ウェブサイト　https://www.maff.go.jp/j/zyukyu/zikyu_ritu/011.html
出所：FAOSTAT より筆者作成。

給量はキャッサバ，トウモロコシ，コムギ，コメの順に多い。1 人当たり食
料供給量はキャッサバ，コムギ，トウモロコシ，コメの順に多い。各作物の
自給率を計算すると，キャッサバ100％，トウモロコシ89％，コメ63％，コ
ムギ35％となる。

　次に東南アジアでは，コメ，キャッサバ，トウモロコシ，コムギの順に生

第 2 章　アフリカの経済・社会の特徴

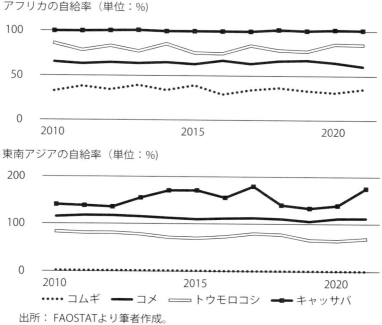

図表2-13　アフリカと東南アジアの主な作物の自給率

出所：FAOSTATより筆者作成。

産量が多い。輸入量は，コムギ，トウモロコシ，キャッサバ，コメの順に多い。輸出量は，キャッサバ，コメ，コムギ，トウモロコシの順に多い。国内供給量はコメ，トウモロコシ，キャッサバ，コムギの順に多い。トウモロコシは飼料としての利用が多い。コメの1人当たり食料供給量は，コメ以外の供給量を大きく上回る。キャッサバの輸出量が多いこともあり，各作物の自給率はキャッサバ（160％），コメ（110％），トウモロコシ（69％），コムギ（1％）の順に高い。

　自給率の推移のグラフ（**図表2-13**）から，アフリカでは，コメの自給率は低いがキャッサバやトウモロコシの自給率は高い。キャッサバやトウモロコシは，安定的な確保ができている作物であるとみなせる。東南アジアでは，コメやキャッサバの自給率は高い。コムギを大量に輸入しており自給率が低

41

い。コメに焦点を当てれば，東南アジアでは自給できていて，アフリカでは
自給できていないといえる。しかし様々な作物を考慮すれば，それぞれの地
域でその土地の自然・社会条件に合った食料が生産・消費されているとみる
ことができる。

● アフリカの食の多様性やイモ類の重要性は見逃されることが多い

　アフリカと東南アジアでは，経済，人口，農業の特徴が大きく異なる。ア
フリカでは1人当たりGDPがあまり伸びておらず，人口が増え，穀物生産
性は低い水準である。そのため，食料不足となっており，「緑の革命」に
よって穀物生産性を向上させることが必要であるといわれてきた。特に消費
や輸入が伸びているコメの増産が急務であるとされてきた。

　ここで，再び**図表1-1**のアフリカのとらえ方を振り返り，「アフリカは遅
れている」と考える「立場1」と，「アフリカには可能性がある」と考える
「立場2」の両方から，アフリカの農業の特徴や必要な農業開発について整
理しよう（**図表2-14**）。アフリカを「遅れている」とみなす「立場1」では
「アフリカにおいて食料不足が深刻である」という主張がなされ，穀物生産
量・穀物生産性の低さが問題とされているものの，「立場2」が注目するよ
うなアフリカの農業の独自性（食の多様性やイモ類の生産量が増えているこ
と）が見逃されていることが多い。「立場2」からは，アフリカの食料の多
様性を考慮し，イモ類・穀物の全体の生産量や動向を確認すると，イモ類の
1人当たり生産量が増加していることや，キャッサバ・トウモロコシといっ
た食料作物の生産量や供給量が，コメ・コムギのそれらよりも多く，より重
要な食料となっていることが指摘される。キャッサバやトウモロコシの自給
率は，コメやコムギの自給率よりも高い。イモ類（キャッサバ）や他の穀物
（トウモロコシ）に比べ，コメは比較的マイナーな作物であることが，その
生産量や供給量の少なさから示唆される。東南アジアではコメの生産量，供
給量は他の作物よりも圧倒的に高く，コメが最も重要作物であると考えられ
る。

42

第2章　アフリカの経済・社会の特徴

図表2-14　アフリカの農業のとらえ方

	図表1-1の「立場1」 「アフリカは遅れている」と みなす立場	**図表1-1の「立場2」** 「アフリカには可能性がある」とみ なす立場
アフリカの 農業のとらえ方	アフリカの穀物土地生産性の低さ、 コメ・小麦輸入の多さを問題視 アフリカにおいて食料不足が 深刻であると認識	アフリカには多様な食料がある。 イモ類・トウモロコシの自給率は比 較的高い アフリカでは、安定的で多様な食料 の入手・分かち合いのシステムが発 展していると認識
何をすべきか？	農業の近代化を推進すべき	アフリカの社会・経済の独自性に対 する理解を深めるべき

出所：筆者作成。

　したがって「アフリカの食料不足が起きている」という主張では，アフリ
カの食料の多様性やイモ類の重要性は十分に意識されていないように思われ
る。「食料不足」と呼ばれている状況は，正確には，穀物に焦点を絞った場
合に，穀物生産性が，東南アジアと同じように上昇してこなかった（穀物輸
入量が増加してきた）状況を意味している。アフリカではキャッサバが最も
多く生産され，イモ類の輸入量は東南アジアに比べても多くない。アジアや
先進国において一般的な食料である「穀物」を中心にみると，アフリカの生
産量の東南アジアに比べた少なさや輸入量の多さが際立つが，アフリカの一
般的な食料である「イモ類」を中心にみると，アフリカの生産量は東南アジ
アに比べて多く輸入量が少ないということになる。フードセキュリティの概
念の包括性を踏まえると，食料不足の現状や背景を理解するには，穀物の生
産性や自給率のみに注目するのではなく，さまざまな食料を個人がどのよう
に適正な価格や手段で十分に入手できるかを考える必要がある。

　したがって，「アフリカの食料不足」（穀物の生産性の低さ，穀物輸入の増
加）への対応策としての政府や国際機関が進めている「穀物生産性の向上」

43

（「緑の革命」）という方針（「立場1」の見解）も，考え直す必要があるであ
ろう。アフリカの人々が多様な食料を確保できるかどうかということを総合
的に考えた場合，穀物生産性の低さが必ずしも食料の不足を意味しているこ
とにはならない。むしろアフリカでは，多様な食料が生産され，イモ類やト
ウモロコシは域内で消費されており，安定的な食料の確保が可能になってい
ると考えられる（「立場2」の見解）。ミクロレベルでも，焼畑や混作という，
アフリカで広く実践されてきた農業技術により，多様な食料が生産されてい
ることが指摘されている。同じ圃場に多様な作物をランダムに配置するとい
う混作という技法は，土地生産性の上昇をよりも多様性を重視するアフリカ
農業を特徴づけてきた。世帯を超えて食料が分け合われるという機会が多く，
貧しい世帯も食料を入手できる可能性が高められてきた（杉村ほか，2023：
26-27，第11章）。人口増加や都市化によって消費が増えているコメやコムギ
の生産量の増加を推進することは重要であるが，それに加え，アフリカにお
けるイモ類を含めた多様な食料の入手可能性を支えてきた混作や焼畑，人々
の食料の分かち合いのシステムを損なわない配慮が重要である。

2.3　ケニアではどのような食料が生産・消費されているのか？

● 東部アフリカのケニアでは，さまざまな種類の食料の1つとしてコメが位
置付けられる。日本の協力も受けながら，農業技術の向上によるコメの生
産量の増加のための取組が進められてきた。

　以下では，2.1と2.2で明らかにしたアフリカと東南アジアの農業生産や
食料消費の違いを踏まえ，この本の研究対象国であるケニア（アフリカの
例）の農業生産や食料消費の特徴を，もう一つの調査地であるインドネシア
（東南アジアの例）と比較しながら明らかにする。ケニアとインドネシアに
おける農業生産や食料消費の特徴を把握したうえで，農業開発（特にコメの
増産や高付加価値化に関する政策）を明らかにする。

第2章　アフリカの経済・社会の特徴

● ケニアでは，コメはさまざまな食料の中の1つ

　図表2-15は，ケニアとインドネシアの1人当たりGDPの推移を表す。ケニアの1人当たりGDPは，インドネシアのそれを下回る水準で推移したが2010年代以降，徐々に増加した。

　図表2-16はケニアとインドネシアの人口の推移を表す。アフリカ・東南アジアの全体では，東南アジアではあまり人口が増えずアフリカでは人口が急増した。ただしインドネシアは東南アジアの中で1番人口が多い国で，近

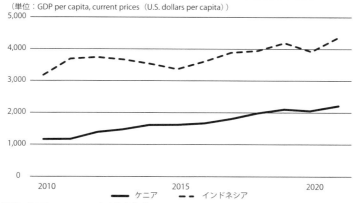

図表2-15　ケニアとインドネシアの1人当たりGDP

出所：IMF Data Mapperより筆者作成。

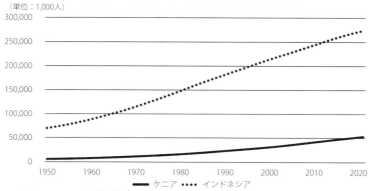

図表2-16　ケニアとインドネシアの人口

出所：FAOSTATより筆者作成。

図表 2-17 ケニアとインドネシアの穀物・イモ類の生産量

ケニア（2021年）				インドネシア（2021年）			
順位	作物名	生産量（1,000 トン）	上位10位の生産量の合計に占める割合（%）	順位	作物名	生産量（1,000 トン）	上位10位の生産量の合計に占める割合（%）
1	トウモロコシ	3,303	44%	1	コメ	54,415	60%
2	ジャガイモ	2,108	28%	2	トウモロコシ	17,017	19%
3	サツマイモ	777	10%	3	キャッサバ	15,731	17%
4	キャッサバ	712	9%	4	サツマイモ	1,424	2%
5	コムギ	245	3%	5	ジャガイモ	1,361	2%
6	コメ	186	2%	6	—	—	—
7	ソルガム	135	2%	7	—	—	—
8	ミレット	63	1%	8	—	—	—
9	オオムギ	33	0.44%	9	—	—	—
10	その他根茎作物	18	0.24%	10	—	—	—

注：インドネシアでは，6位より下位の穀物・イモ類の生産量が少なかったため，6位以下を表記していない。
出所： FAOSTATより筆者作成。

年も人口の増加が続いている。インドネシアの2021年の人口は1950年の人口の約4倍，ケニアの2021年の人口は1950年の人口の約9倍であり，ケニアの人口の方が急速に増加している。

　図表2-17は，ケニアとインドネシアの穀物・イモ類の生産量の上位10位を表す。アフリカでキャッサバなどイモ類の生産量が多いこと，複数の種類の作物の生産量が拮抗する傾向があった。ケニアとインドネシアの比較からも，ケニアではジャガイモ，サツマイモ，キャッサバなどのイモ類の生産量が比較的多いことが分かる。生産量第1位はトウモロコシで，2位から4位までをイモ類（ジャガイモ28%，サツマイモ10%，キャッサバ9%の順）が占める。コメの生産量は6位（2%）にとどまり，トウモロコシやイモ類に比べて小さい。インドネシアでは，上位5種類の作物に生産が集中している。また，コメの生産量が圧倒的に多く，2位がトウモロコシであることから，穀物の生産が中心であるといえる。

　ケニアでは，トウモロコシやイモ類などの複数の生産量が拮抗し多様な食料作物が生産されている。**図表2-17**，**図表2-18**のように，ケニアで生産される穀物・イモ類の中で生産量の多い作物として1位はトウモロコシ，上位

第2章　アフリカの経済・社会の特徴

図表2-18　ケニアとインドネシアの穀物・イモ類の生産量（棒グラフ）

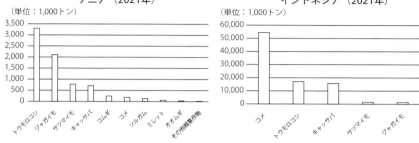

出所：**図表2-17**より筆者作成。

10位の生産量の合計に占める割合は44％である。上位の作物の生産量の割合に大きな差がない。ケニアでは，コメはさまざまな作物の中の１つとして位置づけられる。近年はコメの消費量・生産量とともに，輸入量も増えてきた。コメの輸入は，パキスタン，タイなど主にアジア諸国から行われている（FAOSTAT）。他方でインドネシアでは，コメの生産量が，他の作物の生産量に比べて突出して多い。つまりコメの生産量が上位10位の生産量に占める割合（60％）は，２位以下（トウモロコシ19％，キャッサバ17％など）を大きく上回る。

図表2-19は，ケニアとインドネシアにおける４種類の作物の需給や自給率を示す。ケニアではキャッサバ，トウモロコシの自給率（順に100％，79％）が高い。コメの生産量は４つの作物の中で最も少なく，自給率は17％と低い。ケニアの食料においてコメは補完的な位置づけである。インドネシアは，コムギの生産量・自給率はあまり多くないが，コメ，トウモロコシ，キャッサバの生産量・自給率は高い（自給率の高い順にキャッサバ109％，コメとトウモロコシ98％，コムギ0.3％）。

アフリカと東南アジアにおける自給率の検討と同様のことが，ケニアとインドネシアの比較からもいえる（**図表2-20**）。ケニアでのコメの自給率は低いが，キャッサバやトウモロコシは安定的に生産され自給率が高く重要な食

図表 2-19　ケニアとインドネシアの主な作物の需給

ケニア（2021 年）	単位	キャッサバ	トウモロコシ	コメ	コムギ
生産量		712	3,303	186	245
輸入量		1	850	982	2,031
在庫変動		0	-64	85	-545
輸出量		0	10	1	32
国内供給量		713	4,207	1,083	2,788
飼料	1,000t	0	766	0	83
種子		0	63	2	11
廃棄		21	74	4	40
加工原料		1	15	0	27
その他		691	48	1	62
食料		—	3,240	1,076	2,568
1 人当たり食料供給量	kg/年	13	61	20	48
1 人当たり食料供給熱量	kcal/日	44	532	122	349
自給率	%	100	79	17	9

インドネシア（2021 年）	単位	キャッサバ	トウモロコシ	コメ	コムギ
生産量		15,731	17,017	54,415	28
輸入量		247	1,379	656	11,696
在庫変動		0	928	-218	273
輸出量		1,494	118	10	566
国内供給量		14,484	17,350	55,280	10,885
飼料	1,000t	63	3,710	1,847	1
種子		—	85	272	—
廃棄		624	882	2,985	—
加工原料		—	4	—	—
その他		—	12,431	28	147
食料		14,990	237	50,148	10,736
1 人当たり食料供給量	kg/年	55	1	183	39
1 人当たり食料供給熱量	kcal/日	178	6	1,112	277
自給率	%	109	98	98	0.3

注：自給率の計算方法は**図表 2-12** に同じ。
出所：FAOSTAT より筆者作成。

料源となっている。したがって，コメの自給率の低さがそのまま，ケニアの食料不足につながっているとはいいきれない。

　インドネシアではコメの自給率は高い。コメに焦点を当てれば，インドネシアでは自給できていて，ケニアでは自給できていないといえる。しかし様々な作物を考慮すれば，各地の条件に合った食料が生産・消費されているとみなせる。ケニアのフードセキュリティ向上のためには，自給率が低く水などを多く使うコメの増産よりも，すでに自給率の高いキャッサバやトウモロコシの供給の安定化の方が重要ではないだろうか。

第2章　アフリカの経済・社会の特徴

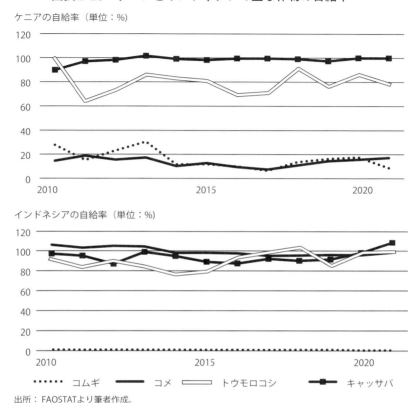

図表2-20　ケニアとインドネシアの主な作物の自給率

出所：FAOSTATより筆者作成。

● 農業はケニア経済の中心

　次に，ケニアの農業開発や食料消費の状況を紹介する（以下のケニアの農業・経済に関する記述は伊藤，2017c，半澤，1993など参照）。ケニアの国土（約58万km^2）のうち，十分な降水量があり，土壌条件の良い「農業適地」は約20％に過ぎない。中西部の高原地帯，西部のビクトリア湖周辺，東部のインド洋沿岸に人口が密集し，トウモロコシ，コーヒー，紅茶，切り花，果実，野菜の栽培，酪農が盛んである。国土の30～35％は中間雨量地帯で，

49

牧畜や耐久乾燥穀物（モロコシ，トウジンビエなど）が生産されている。残りの50〜55％程が「乾燥・半乾燥地域」となっている。北西部などに広がる乾燥地帯では，放牧が盛んであり，この地域の酪農生産高は全国のそれの85％を占める。

イギリスによる植民地期から，ケニアの農業は，他のアフリカ諸国と同様に，農業適地において輸出向け換金作物を生産する「大農」部門と，小規模な農場において主に自給用食料を生産する「小農」部門からなる二重構造をなしてきた。冷涼な気候であるハイランドには，1920〜30年代から白人が入植し，コーヒーや紅茶などの大規模な農場を築いた。1963年のケニア独立後，植民地期に形成された農業の二重構造は続いてきた。大農を優遇する政策がとられ，大農と小農の間の生産性や経済格差をさらに大きくしていった。1960年代半ば以降，大農を中心にトウモロコシの高収量品種が普及し，生産量が拡大した。トウモロコシの高収量品種は小農にも徐々に普及する中で，生産が増え，国内の価格が引き下げられた。1970年や79年には政府は緊急にトウモロコシを輸入した。政府は大農からの要求に応じて生産者価格を引き上げ，化学肥料への補助金により低価格での利用が広がったこともあり，雨量の少ない地域の小農にもさらにトウモロコシの生産が拡大した。しかしながら，干ばつに弱いトウモロコシが，トウジンビエやもろこしのような耐干性作物に代替されていく過程は，特に半乾燥地域での食料供給をかえって不安定にしていった。流通制度が不備であり，穀物公社の買取り所はハイランドなど農業適地にあったため，大農は容易に大量のトウモロコシを販売することができた一方，小農にとって販売にかかる輸送費は大きかった。1980年代からの「構造調整」政策の下，90年代に本格化した農業自由化の中で，補助金は廃止されて地方への肥料の流通は停止された。小農の食料生産は大きな打撃を受け，貧困率の増加や食料不足につながったとされる。2007年に行われた総選挙，2008/09年や2011年に起きた国際的な食料危機などの際に，暴動を経験したケニアにおいて，近年の農業開発政策は，小農の食料生産を重視する方向へ転換してきた。国際機関の貧困削減策として，農業生産性の

向上に焦点が当てられ，穀物価格の高騰により，技術革新への投資が正当化されるようになったことも，食料生産開発を後押しした。

　ケニア政府は2008年，「ケニア・ビジョン2030（Kenya Vision 2030）」を策定し，2030年までに「グローバルな競争力がある繁栄した中所得国」になるという目標を設定した。農業分野は重要な部門として位置づけられている。現状の「小農の農業」から，より「革新的な商業志向の近代的農業」へ転換することが，目指されている。そのための，制度改革，生産性の向上，土地利用構造の改革，耕作地の改革，市場へのアクセスの改善を，戦略的重点としている。「ケニア・ビジョン2030」の下，コメの増産計画が，国際機関の支援する「市場志向アプローチ」というプロジェクトと合わせて実施されてきた（JICA，2011）。また「農業再活性化戦略」（Strategy for Revitalizing Agriculture：SRA，2004-2014）が改正され，「農業セクター開発戦略」（Agriculture Sector Development Strategy，ASDS，2010-2020）が提示された。農務省などを中心に，政府，民間，NGO団体，専門機関が連携強化を進めている。ASDSの中で「作物・土地開発」，「家畜」，「漁業」，「組合」の4部門ごとの重点目標が策定されている。

　食料の安定確保を実現するためトウモロコシ生産への肥料補助金，トウモロコシ価格安定化政策，食料配布などが実施された（FAO，2014）。こうした政策にもかかわらず，小農による高品質の種子，肥料，機械などの利用は，大規模農園に比べて相対的に遅れている。また，小農の土地の細分化が起きて生産性が低下しているという議論もある。土地を持てない若者の都市への流入，スラム化も問題とされている。

　現在ケニアで最も重要な主食であるトウモロコシの生産は，ハイランドから農村へ普及した。ケニアの主食は，トウモロコシ粉を長時間お湯で練りこんで作るウガリである。少量を手にとって数回こねたものを，ケールなどのおかずと一緒に食べる（浅井，2015）。近年のケニアの栄養問題として，乾燥・半乾燥地域では栄養不良が特に深刻であること，過体重の比率は都市で高いこと，微量栄養素の不足などがある。政府は2012年に「国家栄養行動計

画」（Kenya National Nutrition Action Plan：KNAP）を策定し，2018年から2022年の計画では，マルチセクターアプローチを採用し，栄養失調の社会的決定要因に対して持続的に取り組むために部門横断的な協力を促進している（JICA，2021b；Ministry of Health，Kenya，2018）。

● **ケニアでコメは都市部を中心に消費され増産の取組が加速している**

ケニアでは，植民地時代に移住してきたインド人によってコメが持ち込まれ，国内産のバスマティ米（インドの在来・改良香り米品種群の総称）や，タイヤベトナムから輸入される香り米が好まれている。これに汁気の多いおかずをかけて食するのが一般的である（浅井，2015）。

ケニアでは1950年代から70年代にかけて灌漑が整備され，政府主導で稲作が広がってきた（Mati et al.，2011）。近年，他のアフリカ諸国と同様，都市人口の増加とライフスタイルの変化に伴い，調理が簡単なコメの需要が急速に拡大している。2.1で紹介したCARD（アフリカ稲作振興のための共同体）について，ケニアもCARD第1支援国として，日本政府・関係省庁が，JICAなどの国際協力機関との連携のもとで，積極的に稲作研究・普及に取り組んできた。現在の稲作面積の多くが灌漑稲作であり，その大半を公営灌漑稲作地区が占める。

国内最大のムエア灌漑事業区（Mwea Irrigation Scheme：以下「ムエア」）において，国内に流通する国産米の多くが生産されている。稲作分野の協力事業として，インフラ整備（施設の調査，ローンなど），能力開発（灌漑公社組織の整備など），政策アドバイザーの派遣（灌漑，品種改良，機械化など）が行われてきた。例えばJICAは，ムエアにおいて市場志向的な農業の普及による農家の所得の増加のための支援を実施してきた。また，灌漑の拡大，水不足の解消などのため，円借款事業としてダム建設，灌漑設備，組織の整備なども進め，ムエア灌漑事業区における稲作開発が相当程度進展した。今後は，ダムなどを利用した効率的水管理や二期作などが推進されることが期待される（JICA，2015，伊藤，2023）。ケニア最大の稲作地域であ

52

るムエアに農家が築いてきたコミュニティについては，第３章で詳しく述べる。

　さらに，西部地域における灌漑開発も進展している。西部地域には，ビクトリア湖の周辺などに，小規模な灌漑地区が存在する。この地域は水が豊富であるものの，洪水や冠水の被害が多かった。ビクトリア湖周辺の稲作農家調査によれば，多くの農家が一期作を行い，IR品種が多く栽培されていたが，自家採取した種子の利用もあった。農家による単収の差異が大きく，灌漑設備の維持管理を含めた水利環境が未整備で，種子や肥料の購入に必要な資金が不足しており資金調達の基盤が不安定であった（山根ほか，2019）。

第２章のまとめ

　第２章の最後にポイントを整理し，「問い」への「答え」の例を示す。

２.１　アフリカの経済・社会の特徴は何か？

　20世紀後半以降のアフリカは東南アジアに比べ，経済が低迷，人口が増加してきた。アフリカの穀物の生産性は低迷し輸入量は増加してきた。このことから，アフリカでは「食料不足」が深刻になっており，経済成長を妨げてきたと認識されてきた。アフリカ政府や国際機関はアフリカの穀物（コメなど）の生産性を向上させるための取組を実施してきた。

２.２　アフリカではどのような食料が生産・消費されているのか？

　アフリカでは，イモ類を含めて多様な食料が生産されている。イモ類の１人当たり生産量は増加し，輸入量はあまり増えおらず，自給率は比較的高い。アフリカでは，多様な食料が生産され，イモ類やトウモロコシは域内で生産・消費され，安定的な食料確保が可能になっていると考えられる。アフリカの人々のフードセキュリティの向上のためには，穀物の生産量の増加を推進することに加えて，アフリカにおけるイモ類を含めた多様な食料の入手可能性を支えてきた混作や焼畑といったアフリカ独自の農業の形態や，人々の

食料の分かち合いのシステムを損なわない配慮が重要である。

2.3　ケニアではどのような食料が生産・消費されているのか？

　ケニアでは，コメやコムギよりもキャッサバやトウモロコシの生産量や自給率が高い。2000年代頃から小規模農家の食料生産を重視する政策が本格化した。コメはさまざまな食料の1つであり，消費が増えている。国内では，大規模な灌漑設備でコメが生産されている。ただし，ケニアの人々のフードセキュリティの確保には，コメの増産のみならず，キャッサバやトウモロコシのさらなる安定的な確保も，重要であると考えられる。

第3章

アフリカ・ケニアのコメの生産地域の暮らし

第3章のポイント

- ケニア最大の稲作地域のムエア灌漑事業区（ムエア）では，国家が主導して水田施設が築かれた。この地に移り住んできた農家は，コメを都市の人に向けて売る「商品」として扱ってきたが，やがて，コメを「食料」として扱い，食べるようになった。高齢の農民は，貧しい若い農民へ食料を与えることで，暮らしを支え，コミュニティでの高い地位を守ってきた。
- ケニアのコミュニティでは，食料を与えたりもらったりすることで，誰もが食料を安定的に確保しながら，豊かな人間関係が築かれてきた。食の自給性，貧者に食を与える寛容性，食の平等性により，人間関係や秩序が保たれてきた。
- ケニアでは食の欧米化が進んでいるが，コミュニティの女性は家族の健康を保とうとする意識が高く，イモ料理など民族の伝統料理を家族や隣人と一緒に食べている。そうして食の多様性が確保され，食文化の継承が可能になっている。

第3章の位置づけ（アフリカのコミュニティ）

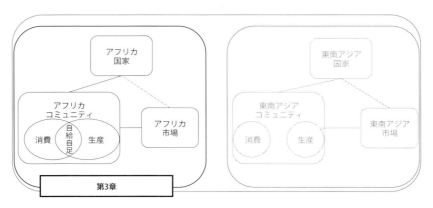

3.1　ケニアではどのようにコメが作られ，食べられている？

● ケニア最大の稲作地域のムエア灌漑事業区（ムエア）では，国家が主導して水田施設が築かれた。この地に移り住んできた農家は，コメを都市の人に向けて売る「商品」として扱ってきたが，やがて，コメを「食料」として扱い，食べるようになった。高齢の農民は，貧しい若い農民へ食料を与えることで，暮らしを支え，コミュニティでの高い地位を守ってきた。

　第3章ではアフリカにおける食料の生産や消費の状況，コミュニティにおける食料の分かち合いやその過程で形成される人間関係を具体的に把握するため，東部アフリカ・ケニアの最大の稲作地域ムエア灌漑事業区（ムエア）で筆者が長年にわたって行ってきた調査の結果を紹介する（伊藤，2016，2017a，2022など）。

● 1990年代まで，コメは「商品」として扱われてきた

　ムエアは，首都ナイロビから約110km北上した場所にあり，都市からアクセスしやすい（**図表3-1**）。標高が1,100mから1,200m，冷涼高原型気候で平均気温は22度程度，年間降雨量は約960mmである。黒色粘土質土で，多くの川から水を引くことができる。ムエアは，植民地政府によって商品生産の地として創設された「開発フロンティア」（石井，2007：31）と位置付けられている。

　図表3-2はムエアの主な出来事である。1950年代，植民地政府により創設されたムエアには，独立闘争に参加した人などの男性農民（ケニア最大民族のキクユ（*Kikuyu*）の人びと）が，妻子とともに移り住み，国家の所有する灌漑施設内の水田で生産を担うようになった。伝統的なキクユ社会においては，親族の集団での父の社会的地位を高く保つこと，たくさんの子どもを育てること，食料を分かち合うことが重視されてきた。父は，独立した息子たちに土地を均等に与えたり，土地の開拓を許可したりする権限を持った

56

第3章　アフリカ・ケニアのコメの生産地域の暮らし

図表 3-1　ケニア・ムエア灌漑事業区（ムエア）の位置

出所：伊藤（2016），図1を転載。

図表 3-2　ケニア・ムエア灌漑事業区（ムエア）における主な出来事

	ケニアの動き	ムエア周辺の動き	ムエアの人々の食料消費
1950〜70年代	イギリスより独立 好景気を記録 「アフリカ的社会主義」宣言 経済危機	ムエア灌漑事業の開始 入植者受け入れ 農民組合の成立 国家灌漑公社の管理 比較的平等な社会の形成	コメを販売する一方，トウモロコシなどを生産・自家消費
1980〜90年代	構造調整政策 政治的民主化	経済格差の拡大 「灌漑法」による土地管理 国家灌漑公社・契約農民対立 「灌漑法」の改正 農家は組合を通じてコメ販売	
2000〜2010年代以降	都市でのコメ消費・輸入増加	国家灌漑公社と農民の協調 CARDによる稲作支援 CARDフェーズ2による稲作支援 市場志向型農業の普及の取組	BW米（自給用のコメ）・バスマティ米（販売用のコメ）を生産 BW米（自給用のコメ）の消費・分かち合い トウモロコシ・イモ料理などキクユの伝統食を重視する人が増加

出所：石井（2007:176），伊藤（2016, 2017a）などを参照し作成。

57

（林，1970：38-39）。結婚した息子全員に土地を用意して生活を支援することは，「父が果たすべき義務」とみなされ，威厳を保ち，寛容な態度で息子たちに接してきた。息子は父親に最大の敬意を払わなければならないとされた。多くの子孫を残すことは非常に重視された。男性・女性は集団における役割を担う大人へと成長し，次世代へ伝統文化を伝えてきた。キクユ社会では，父系親族集団で食料などを分かち合い，食事をともにとる・食料を分かち合うこと（共食の慣習）も重視された。結婚式や葬式では，大勢の親族が食事をともにした。自分の家の前を親族が通れば食事に誘うべきであり，誘われた方は断ることはできない。独身でいること，1人で過ごし食事をすることや，単独で財産をため込むような個人主義的行為は，邪術（呪い）を使う妖術使いの行為と結びつけられて忌避され，恐れられていた（石井，2007，ケニヤッタ，1962）。

　植民地政府は，ムエアの開発を1953年に本格化させた。農民は，与えられた4エーカーの水田を，土地面積単位の「エーカー」にキクユ語の複数の接頭辞「マ」（*ma-*）を付けた「マエカ」（*maeka*）という造語で呼んだとされる（石井，2007：131）。1960年代のケニア独立後，ムエアの水田は国有化され，国家灌漑公社（National Irrigation Board）の管轄下に置かれてきた。事業区の人口増加が，水田の細分化と生産性の低下を招くことを危惧していた国家は，灌漑法の補足条例により，入植者の息子たちからなる第二世代による水田の利用を制限した。具体的には，入植者の子孫のうち，将来父から水田経営を引き継ぐ1人の息子以外の全員に，18歳になると事業区から立ち退くことを定めた。また，国家灌漑公社の生産計画を着実に行わせるため，工程に沿って労働力を提供することを義務付け，労働交換のような農民同士の協力を制限した。経済効率性を優先するあまり，第二世代を入植村から追い出して入植家族の離散を促したり，人びとの相互扶助慣行を制限したりするような国家の開発手法は，先述したようなキクユの人びとの伝統的価値観には沿わないものであった（石井，2007：248）。ただしこの時点では比較的「平等」な社会が，ムエアに築かれていたと考えられる（Chambers and

Moris, 1973)。生産されたコメのほとんどは組合を通じて定価で買い取られていた。コメを販売した代金から生産費を差し引いた金額が，各農民の口座に振り込まれた。教育費や医療費なども，国家によって基本的に賄われた。持ち帰ることを許されていたコメの量は少なかったため，自給用の食料として不十分であった。農民は余剰地で少量のトウモロコシを作ったり，店で食料を買ったりした。農民同士のコメの分配はほとんどなされていなかった。1966年から，国家灌漑公社が，事業区内の幹線用水路，農民の生産スケジュール，コメの流通などの管理全般を担うようになった。国家灌漑公社は，全契約農民が加入していた「ムエアコメ生産者多目的協同組合」を通じ，投入財の支給やコメの全量買取りなどを行った。

　以下では，ムエアが築かれた時代に入植し始めた高齢の農民を「第一世代」と呼ぶ。また，その息子（あるいはその孫など）からなる比較的若い世代を「第二世代」と呼ぶ。第一世代の農民は一律に4エーカーの水田を与えられ，それぞれ家族労働と雇用労働を用いながら，国家灌漑公社の計画通りの作業を行ってきた。

　1980年代頃からは，世代間の水田利用面積の格差が開いてきた。灌漑法では土地細分化を防ぐため，第一世代の1人の息子以外の第二世代に対して，18歳になるとムエアを立ち去るように定められていたものの，実際には，多くの第二世代が成人してもムエアにとどまった。さらに，幼少期から父の水田を手伝ってきたことを理由に，父の水田を分け与えるように要求した。父の利用する水田の一部が，こうして，複数の息子に分割移譲された。ただし，父から譲られた水田の広さは息子の家族の生活を支えるのに十分ではないことが多く，父から全く水田を譲られなかった息子もいた。このように多くの息子に均分に水田が受け継がれた結果，第二世代それぞれが利用できる水田は非常に狭くなった。「息子全員に土地を用意して生活を支援する」という伝統的社会における「父の義務」を，十分には果たせていないように認識していた第一世代は，このような過程で，第二世代に対する負い目の感情を抱くようになったと考えられる。

また，1980年代以降，農業部門の自由化が進展した。第二世代の農民は，
十分な水田の利用を制限してきた国家灌漑公社や第一世代に対する不信・反
発の感情を募らせていき，1998年，暴動を起こした。暴動に始まる事業区の
混乱や，第二世代が余剰地に新たに開いた水田への取水などが，灌漑の管理
を難しくしたため，コメの生産量は激減した。1999年，灌漑法が改正され，
卸，商人，精米業者の参入が自由化された。農民は，生産者組合を通さなく
ても，投入財を買ったり，コメを売ったりできるようになった（Kabutha
and Mutero, 2002）。農民の子孫の一部は，農民への現金貸付も扱う商人と
なった。この頃，第二世代が余剰地に開いた「ジュアカリ」（*Jua-kali*：スワ
ヒリ語で熱い太陽・屋外作業の意）と呼ばれる水田への取水が，世代間の水
争いを起こす。暴動を起こすことで，親たちへの妬みの感情を噴出させた第
二世代に対し，第一世代は，いっそう強く負い目を感じざるをえなくなった
といえるであろう。その後，混乱は収拾され，国家灌漑公社と農民は協調し
ていく方針が定められた。

● **2000年代から，国家や国際機関のコメの生産支援が進んだ**

　2000年代以降，ムエアにおけるコメの生産量・生産高は順調に増加した。
ただし，経済自由化が本格化する中で，農民の間では，経済格差がさらに開
いていったと考えられる。混乱を収拾した国家灌漑公社と農民とは，協調す
る方針が定められた。国家灌漑公社の指導で，2002年頃，農民が商品向けの
栽培品種を「バスマティ」と呼ばれる高価な品種（以下「バスマティ米」と
呼ぶ）に切り替え，「シンダノBW」という品種のコメ（以下，「BW米」と
呼ぶ）という安価な品種が自給用に生産されてきた。2004年から，国家灌漑
公社の管轄下の「水利組合」という機関が，幹線用水路を管理・運営するよ
うになり，農民は，水利費を水利組合に支払い，末端の支線水路を清掃する
ことを義務付けられた。

　事業区内では，土地所有権は引き続き国にあるものの，水田の利用権の貸
借・売買が公然と行われてきた。インフレや，自由化後農民自身が工面しな

第3章　アフリカ・ケニアのコメの生産地域の暮らし

ければならなくなった医療費・教育費の高騰により，稲作所得のみで生計を立てることが難しい農民が増加する中で，非農業所得の重要性が高まっている。公務員や研究所職員など，安定した所得を得られる仕事に就く人は少なく，コメの運搬，家畜や農業機械の貸し出し，道路工事や行商などの仕事をして，不定期に少額の現金を稼ぐ農民が多い。非農業所得の水準は，世帯によって大きく異なる。

　近年の開発プロジェクトも，農民の間の経済格差の拡大に影響していると考えられる。政府は，海外からの技術的・経済的支援を受けながら，稲作農民の所得全般を向上させることを通じ，コメの国内流通量を増加させるための取り組みを行っている。CARDや「ケニアビジョン2030」という国際的な取り組みや政府の長期目標（詳細は第2章参照）が定められ，「国家稲作振興計画」が2008年に作成された（櫻井，2012）。世界銀行も，条植えや節水技術によって生産性を向上させるプロジェクトを実施している。ムエアでは，日本の援助機関や世界銀行の指導で，生産技術開発や販売戦略などに関するガイドラインが作成されている。開発機関は，比較的水田規模が大きく，農学の知識を豊富に持つような農家を選定し節水技術などを伝え，農家が周囲に技術を普及させるというアプローチを採用している。また，所得向上のための取り組みとして，RiceMAPP（Rice-based and Market-oriented Agriculture Promotion Project：日本の専門家の指導のもと，農畜産省職員と協力した試験実施など）と呼ばれる「市場志向アプローチ」を広めるため，マーケティングに関する研修・講習や流通・金融制度改革を実施している。新技術の導入によるコスト低減と生産量の増加，農民グループによる精米機の共同購入と白米の取引増加促進，販路や販売時期の工夫などにより，一部の農民が経済的利益を高めることに成功しているといわれる（JICA，2008，2011，2013，Mati et al., 2011）。

　ただし外部主導の，農民の所得向上のための取組が，多くの農民には採用されなかったということもある。例えば，余剰地の小規模な畑で野菜などを生産し，コメの生産と組み合わせ，それぞれの作物の価格動向を見極めて出

61

荷するといった販売戦略や，二期作を導入して稲作所得を向上させることが推奨されていたが，農家が積極的にそれらを導入したとはいえない。中には「手をかけた割に儲けが小さい」，「確かに収穫や収入が増えるが，家族労働を使えない時期の収穫に雇用労働を利用することになり，よけいなコストがかかる」，「野菜栽培への労働の投入が増えると，トウモロコシや食料用のコメの生産が減ってしまうので，自給ができなくなってしまう」という理由から，あまり積極的に参加しなかったという農家もいた（JICA，2008：27-37，筆者によるムエアでの聞き取り調査より）。

● 2010年代，コメは「食料」として消費されるようになっていた
　　〜自分でコメを作って食べるという「食の自給性」の確保〜

　　筆者は，2010年代以降，断続的にムエアでフィールドワークを実施している。そして，ムエアの農民がコメを食料として消費したり，コミュニティで分かち合うことで，貧しい農民の暮らしが支えられてきたことを明らかにした。これから，ムエアのある村に居住し，5つの地区の1つ・テベレ地区の水田を利用する47人の男性農民への調査結果を紹介する。調査対象者には，第一世代12人（2012年現在平均73歳）と，第二世代35人（平均48歳）を含む。灌漑事業区内のテベレ地区の水田と，余剰地に新たに開かれた水田の利用方法は大きく異なる。そのため，以下では，前者を「マエカ」，後者を「ジュアカリ」と呼んで区別する。

　　第一世代全員と第二世代6人はマエカのみを，第二世代29人はマエカとジュアカリを利用している。ユニットリーダーは，同じユニットに属する全てのメンバーを定期的に集めて，国家灌漑事業区が作成する生産計画，灌漑水の利用時期，農作業実施予定，機械の貸し出し，種子や化学肥料の購入などに関する情報を伝える。同じユニット内の農民は，互いの水田の広さ，おおよその生産量を把握しており，作業スケジュールの下，同じ時期に田植えや収穫をするという「生産のコミュニティ」とみなせる。ただし，労働交換のような相互の手伝い合いはあまりなされず，それぞれが家族労働・雇用労

第3章　アフリカ・ケニアのコメの生産地域の暮らし

図表3-3　農民によるコメの供給量・利用量

		第一世代 （N=12）	第二世代 （N=35）	合計 （N=47）
世帯構成員数（人）		2.75	4.57	4.1
1人当たり所得（Ksh）		82,279	47,015	56,018
コメの販売額が所得に占める割合（%）		81	70	73
水田経営面積（エーカー）		4.17	1.8	2.41
マエカ		4.17	1.24	1.99
ジュアカリ		0	0.56	0.42
供給（kg/年）	生産量：A	12,631	5,093	7,017
	購入量	2	35	26
	世帯外からの獲得量：B	311	630	549
	生産・購入・獲得の合計	12,945	5,757	7,592
利用（kg/年）	自家消費量：C	565	791	733
	販売量：D	10,175	4,501	5,950
	世帯外への分配：E	1,807	412	768
	自家採種用種子	17	6	9
	自家消費・販売・自家採種・分配の合計	12,563	5,710	7,459
獲得率（B/A）		2%	12%	8%
自家消費率（C/A）		4%	16%	10%
販売率（D/A）		81%	88%	85%
他世帯への贈与率（E/A）		14%	8%	11%

注：2011/2012年のデータより作成。他世帯からの獲得量・他世帯への分配量は，調査農民の集団
内の獲得量・分配量に加え，集団外からの獲得量・集団外への分配量を含む。KShはケニアの通貨
単位。1KSh=約1円。
出所：伊藤（2016），伊藤（2017a）を修正・転載。．

働を用いる。

　第一世代の方が第二世代に比べて広い水田を利用しながら，高い経済的利
益を上げているため，第一世代と第二世代の間で，世帯構成，水田利用，所
得の状況は，大きく異なる（**図表3-3**）。1人当たり所得，コメの販売額が
所得に占める割合，水田経営面積（マエカの利用面積），コメの生産量，コ
メの供給量全体，販売量，世帯外への分配量，利用量の合計，他世帯への贈
与率は，第一世代の方が，第二世代を上回る。他方で世帯構成員数，ジュア
カリの利用面積，コメの購入量，世帯外からの獲得量，コメの獲得率，自家
消費率，販売率については，第二世代の方が，第一世代を上回る。

63

第一世代の平均的なマエカの利用面積，コメの収穫量，1人あたり所得は，第二世代のそれぞれ3.4倍，2.1倍，1.8倍である。第一世代の子はほとんど結婚して家を出ているため家族数が少なく，第二世代の多くは就学中の子を扶養しているため家族数が多い。第二世代の多くは，親から譲られた狭いマエカでコメを生産するだけでは，家族の食料，食費や教育費などを確保できない。そのため，事業区の近くで日雇い労働などに従事することで，わずかな所得を得る。村人が集まる場では，第二世代が，「貧しいから『スクウォッター』（不法占拠者）になってジュアカリを使わなければ生活できない。日雇い労働などでいつも忙しい」などと，暮らしに余裕のある第一世代に比べて，生活が苦しいことをよく話していた。また，マエカに比べて灌漑設備が整備されていないジュアカリも利用しつつ，少しでも多くのコメを収穫しようとしている。

　コメの供給量は，水田を多く利用できる第一世代の方が多いが，他世帯への贈与率も第一世代の方が高くなっており，経済的利益を得るだけではなく，無償で多くのコメが他世帯に分配されていることが分かる。第一世代が他世帯から無償で獲得する量が生産量に占める割合（獲得率）は低く，一方的に，親族や隣人への贈与が行われている。他方で第二世代は，利用できる水田が狭く，コメの供給量は第一世代よりも小さいが，獲得率や自家消費率，販売率のいずれもが第一世代よりも高い。第二世代は，コメの多くを販売して現金を獲得しようとすると同時に，自家消費したり，他世帯から無償でコメをもらって消費することも多い。このように，経済的利益が少ない第二世代の方が，コメを無償でもらったり，生産米の多くを販売したりして，現金や食料を獲得することができるようになっている。

　第一世代は，入植当時，互いに親族関係を持たなかった。やがて第二世代の多くが村の中で結婚したため，村内での姻族関係が広まった。調査農民は全てキリスト教信者である。子の洗礼式では，周囲から信頼の厚い年長者が，儀礼の父になることを依頼される。こうした儀礼親族関係において，儀礼の親は，儀礼の子に宗教的教えや経済的援助を与える義務があるとされている。

第3章　アフリカ・ケニアのコメの生産地域の暮らし

● 高齢の第一世代は，若い第二世代より多くのコメを生産している

　以下では，第一世代と第二世代が平均的・典型的にはどのようにコメを生産しているのかを記述する。高齢の第一世代は，多くのコメを近代的な水田（マエカ）で生産し，その多くをコミュニティの他の農民に分けている。一方，若い第二世代は，余剰地（手作りの水田，ジュアカリ）で少ないコメを生産し，その多くを売って現金を獲得したり，コミュニティの農民からコメをもらって生活している。

　第一世代はマエカ内に，バスマティ米とBW米を隣接して作付けする。国家灌漑公社が作成した「作付けプログラム」に沿って，作業を行う。テベレ地区の農民は，6月頃，生産者組合からトラクターを借り，整地・代かきをする。8月頃までに，特定の種類・量の投入財（種子，化学肥料，農薬，除草剤など）を，商店や研究所から毎年購入する。8月頃，化学肥料を投入，苗床を準備し，田植え，9月から10月にかけて除草，害虫・害鳥駆除（除草剤・農薬を投入），12月頃から収穫，脱穀と風選，乾燥，袋詰め作業を行う。第一世代は，平均的に133袋のコメ（バスマティ米109袋とBW米24袋，1袋90〜100kgの籾米）を収穫する。第一世代のマエカへの労働投入量のうち，雇用労働が87%，家族労働が13%を占める。賃金には「相場」があり，労働者は作業ごとに変更される。とりわけ，整地・代かき，収穫，田植えなどの作業における雇用労働費が高い。第一世代5人は，マエカを担保にして，生産費の不足分を借りている。国営時代以来，第一世代は，国家灌漑公社の指示に従い他の農民のマエカに立ち入らず，農繁期には，周辺地域からやってくる出稼ぎ労働者を雇ってきた。そのため，伝統的な労働交換のような，世帯を超えた互助を行ってこなかった。第一世代は，子が幼い頃には農作業を手伝わせていたが，子が結婚して家を出てからは手伝いを頼まない。その理由として，作付けプログラムの下で，田植えや収穫の日が子のマエカと重なるという事情がある。また，日頃から子が，忙しい，貧しいと口にするのを聞いている第一世代は，「子は忙しいから頼めない」という，労働を提供させることを遠慮する発言をしていた。

65

第二世代は，結婚などを機に，1人あたり1.2エーカーのマエカを父から
譲られた。マエカでは，第一世代と同様に，購入した投入財や雇用労働力を
使用する。マエカの田植えを終えた9月頃から，ジュアカリの整地・代かき
を始める。自らを「貧しいスクウォッター」と卑下する第二世代は，ジュア
カリで使う投入財，農具，労働の取得にかかる現金を減らそうとする傾向が
ある。代わりに，個人的関係を通じて，これらを取得しようとする。勾配が
あるためトラクターを使えないので，キョウダイや友人が協力し，役牛や鍬
を使って整地・代かきを行う。田植えの時期（10月頃），農民どうしで調整
しつつ，近くの川からポンプを使って水を引く。第二世代10人は，毎年は種
子を買わず，前年に採種したり知人からもらったりした種子を利用する。化
学肥料の代わりに，家畜を持つ農民からもらったり購入したりした堆肥を，
29人（ジュアカリを使う全員）が投入する。除草剤を用いず，鎌を使って年
3〜4回除草する。1人の農民が国際機関から譲られた手動除草機を，仲の
良い者どうしが無償で使い回す。2〜3月に収穫期を迎える。マエカとジュ
アカリを利用する農民の収穫量は，マエカだけを利用する第二世代（6人）
のそれよりも11％多い。ただし，第二世代の平均的収穫量62袋（バスマティ
米56袋とBW米6袋）は，第一世代のそれの47％にすぎなかった。第二世代
17人は，ジュアカリの代かきや除草の作業を，キョウダイ，姻族，友人に，
2〜7日程度手伝ってもらった。礼として，14人は食事やコメを提供し，2
人は相手の作業を手伝い，1人は1,000KSh（KShはケニアの通貨単位。1
KSh＝約1円）を渡した。このような互助を行う理由を，「ハランベー
（Harambee：スワヒリ語で助け合いの意）は文化だから」と説明する。5
人の第二世代は，手伝ってくれる人がいなかったので，ジュアカリの作業の
一部を雇用労働者にさせた。第二世代の水田への労働投入量のうち，雇用労
働が59％，家族労働が39％，他世帯からの無償の手伝い（労働交換）が2％
を占める。第二世代が支払う雇用労働費の中では，整地・代かき，除草作業
での労働費の割合が高い。

第3章　アフリカ・ケニアのコメの生産地域の暮らし

● 高齢で豊かな第一世代は，若く貧しい第二世代にコメを与えている
〜貧者に食を与える寛容性を持つことが良しとされている〜

　次に第一世代と第二世代によるコメの処分（消費）のようすをみる。農民
は，コメの品種によって，売却用の商品（バスマティ米）と消費・分配用の
食料（BW米）を区別する。第一世代は，収穫直後の時期（1〜2月）に，
借金を返したり当面の生活費を得たりするため，バスマティ米の約半分（52
袋）を商人や精米所に売る（1kgあたり30〜50KSh）。その後現金が必要
になる度に，残りのバスマティ米を1〜3袋ずつ売却する。家族で消費する
BW米5袋を確保したうえで，残りのBW米19袋（収穫量の14％）を，寄合
や教会の集まりなどで多くの人に分配したり，子や儀礼の子に与えたりする。

　収穫後，第二世代27人は，バスマティ米の81％（49袋）を商人や精米所に
売る。生産者組合へ売却，9月に出荷，小型精米機で精米後に，卸業者に売
却などの工夫により多くの現金を得ようとする人もいる。BW米の一部を地
元のレストランに売却（1kgあたり35KSh）した4人を除き，31人の第二
世代は，全てのBWを販売せずに消費・分配する。ただし，BW米の収穫量
が，家族の消費量に満たないことが多い。第二世代25人は，食事用のコメの
不足分を商店で買う。

　図表3-4は，他世帯へのコメの分配の量と，その対象者との間の関係を，
世代別に表している。調査前年（2011/12年）には，28人（第一世代11人，
第二世代17人）が分配を行った。第一世代の分配量が第二世代のそれを大き
く上回ること，第一世代から子や儀礼親族への分配が多いこと，第二世代か
ら親への分配は，キョウダイ・姻族などへの分配よりも少ないことが分かる。
コメの分配に関わる世代間の差異は，調査農民固有の条件に由来すると考え
られる。出身地との絆を失った第一世代は，入植先に「寄合」と呼ばれるよ
うな話し合いの慣行を持ち込んだ。第一世代の出身地の寄合では，少数の長
老が，儀礼や土地紛争などについて話し合ったという。入植先の寄合は，月
に2〜3回，近所の人びと（20〜30人）が集まり親交を深める場となって
いる。人びとは，第一世代が中心となり持ち寄ったコメや野菜の料理を，と

67

図表 3-4　農民のコメの分配量と分配相手との関係

		第一世代 （n=12）	第二世代 （n=35）	合計 （n=47）
分配量 （kg）		676	105	250
分配の相手 （%）	親子	26	4	19
	キョウダイ	15	37	22
	姻族	17	19	18
	その他親族	6	15	9
	儀礼親族	33	13	27
	村内友人（隣人）	1	0	0
	村外友人	1	11	5
	計	100	100	100

注：（1）相手を特定できない分配の量を含まない。（2）親子とは第一世代にとっての子，
第二世代にとっての親を指す。13人の第二世代は，親を亡くしている。（3）その他親族に
は，姉妹，イトコ，オジ，オイ，オバ，メイなどを含む。
出所：伊藤（2016）を修正・転載。

もに食べながら様々な話をする。第一世代はまた，教会の集まりでも儀礼の
子などにコメを与える。分配の動機として「乞われれば誰にでも分ける」と
いう。

　他方で，第二世代17人は，農作業の手伝いを受けた人や水田を借りた人へ
の「返し」としてコメを渡すことが多い。残りの第二世代18人は，収穫直後
にコメの多くを売却し，他世帯へ分配しない。第二世代が他世帯に分けるコ
メの量は，平均的に収穫量の2％程である。寄合には家族で参加して，親や
隣人に貧しい生活への不満をいいながら，出された料理を食べている。第二
世代20人は，自給用のコメがつきた端境期の9月頃から，妻子を連れて父を
訪ね，丁寧にコメの分配を頼むことがある。父は，10～20kgのコメを持た
せたり，食事をともにしたりして，子の一家を歓迎する。こうした場面で父
は，寛大で，威厳に満ちた態度で子に接することで，「権威のある父」とし
てふるまう。

　続いて，世代間の行為のパターンの違いや相互行為に関して，異なる特色
を持つ3組の親子の事例をとりあげる。親子が，水田や労働をどのように利
用しながら，またどのように関わり合いながらコメを生産・処分しているの

かを記述する。特に，親から子へコメの分配のような支援が行われる過程や，それが子の生存の維持に果たす役割に，注目する。

①　親から子への支援が，子の生存に貢献する事例（タイプ１）

　第一のタイプは，親から子へ向けたコメの分配のような支援が，子の家族の生存に大きく貢献するものである（第一世代６人，第二世代21人を含む。親の所得が子のそれよりも高く，親から子へマエカが相続・分割移譲された）。事例の父A（1940年生まれ，1964年入植，妻と２人暮らし）は，借入地を含めた4.5エーカーのマエカで，コメ130袋を収穫する。Aと妻は高齢であるため，水田への労働投入量の97％を，雇用労働に依存する。バスマティ米105袋の売却によるAの世帯の１人あたり所得は，136,677KSh（全調査農民中５位）である。自給分３袋を除くBW米22袋（収穫量の17％）を，子，儀礼の子（10人）に与えたり，寄合や教会に持ち込んだりする。寄合で隣人と交流することは，入植後に新たに生活を始めるうえで重要であったという。2012年現在でも，家の近所で隣人や子に，伝統を守り平和に生きる方法などを話している。Aの長男B（1960年生まれ，妻・４人の子と６人暮らし）は，Aから譲られたマエカ0.75エーカーと，友人と開いたジュアカリ0.25エーカーで，28袋のコメを収穫する。マエカでの整地や収穫の時期には労働者を雇う（労働投入量の67％が雇用労働）が，なるべく家族で作業を行う。ジュアカリの代かきでは５日間程，友人と労働を交換する。しかし，「仕事で忙しい」ので，Aの作業を手伝わないという。作業を手伝ってくれた友人に，BW米１袋（収穫量の４％）を渡す。寄合が開かれれば参加するが，「家にコメが余っていない」ため，何も持ち込まない。家族で食事をとりながら，親などに「貧しいので子の食費や教育費も払えない」と話したり，友人から日雇い労働の情報を得たりする。農閑期（２〜５月頃）には，週に２〜３回，道路工事や行商などに従事する（１日の所得は250〜350KSh程）。Bの世帯の１人あたり所得は，22,589KSh（同26位，うち日雇い労働所得が19％）である。自給用BW米３袋がつきる時期に，Bと妻子は，Aを訪ねる。例えば2012年

には，9～12月にかけて3～4回，BはAを訪問し，「あなたの孫が空腹だ。助けてほしい」と訴えた。するとAは，「家族を助けるのは当然だ」といって，Bに合計5袋のBW米（Bの世帯構成員全体の年間コメ消費量の60％程にあたる）を与えた。Bは「おかげで生きのびられる」と，Aに感謝した。筆者には，「将来は父のマエカをもらい，暮らしが良くなるであろう」と語った。

② 親子の相互行為が少ない事例（タイプ2）

　第二のタイプは，親子がともに市場経済的行為を生計の中心とし，親子の相互行為が少ないものである。親から子にマエカが譲られなかった3組の親子が含まれる。父C（1942年生まれ，1968年移入，妻と2人暮らし）は，不作に陥った2009年，それまで利用していた3エーカーのマエカのうち，1エーカーを売却した。2012年現在，マエカ1エーカーを友人に賃貸し，1エーカーを利用する。高齢のため，労働投入量の81％を雇用労働に依存する。バスマティ米24袋を収穫した直後，全て売却する。マエカの賃貸収入を合わせたCの世帯の1人あたり所得は，15,216KSh（同31位）である。Cは，人から儀礼親族関係を結ぶことを頼まれたことがないという。Cの長男D（1978年生まれ，妻・4人の子と6人暮らし）は，姻族から0.5エーカー，友人から0.25エーカーのマエカを賃借する。Dは，日雇い労働などで常に忙しいため，整地から収穫まで多くの作業に労働者を雇う（労働投入の81％が雇用労働）。収穫したバスマティ米18袋をすぐに売る。Dの世帯の1人あたり所得は，8,055KSh（同40位，うち農外所得が29％）で生活は苦しい。Dは，「父からマエカを分けてもらえなかったので私は貧しい。父のマエカは，いずれ借金の形に他人にとられるであろう」という。CとDの間の交流は少ない。寄合にもでないため，親子とも，周囲の人びととの関わりが少ない。

③ 親から子への支援と子の農外所得が，子の生存に貢献する事例（タイプ3・図表3-5）

　第三のタイプは，子が親から支援を受けるだけではなく，自ら農外所得を

図表3-5 農民のコメの分配量と水田における作業の手伝い関係

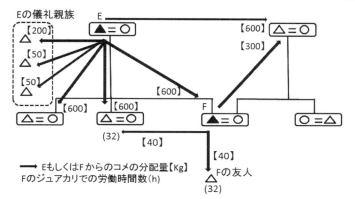

注：E, Fからコメを受け取った者のうち，調査農民の中でE, Fからの受け取りを確認できた農民のみを示す。労働時間数（h）は，1日8時間として換算。同居する子孫，雇用労働者の情報を含まない。
出所：伊藤（2016）より転載。

得ることで，家族の生存を維持するものである。教師，公務員，事業区内にある農業研究所職員のような高所得の職についている11人の第二世代と，その親（専業農家）3人を含む。子の所得は，親のそれよりも高い。父E（1938年生まれ，1957年入植，妻・孫と3人暮らし）は，3エーカーのマエカで，コメ70袋を収穫する。Eと妻は高齢で，同居の孫は日雇い労働を行っているため，マエカへの労働投入の84％を雇用労働に頼る。

バスマティ米40袋の売却によるEの世帯の1人あたり所得は，52,854KSh（同17位）である。商人から借りる生産費の利子払いが，膨らんでいる。家族でBW米3袋を消費した残りのBW米27袋（収穫量の38％）を，子，姻族，多くの儀礼の子（約30人）などに与える。寄合や教会でもコメを分けながら，親族間の分かち合いを重視する伝統的価値観を若者に教える。あまり関心を持たない若者に対し，「最近の若者は利己的だ」と嘆くこともある。Eの次男F（1962年生まれ，妻・3人の子と5人暮らし）は，父から譲られたマエカ0.5エーカー，姻族から借りたマエカ1エーカー，兄と開いたジュアカリ

0.5エーカーを利用する。農業研究所の仕事の一環として，英語力を生かして国際機関の職員から新しい農業技術を学び，寄合などでそのような情報を村の人に話すこともある。

　息子のFは，毎日仕事があるので，父の農作業を手伝えないという。田植えや収穫の時期にはマエカで労働力を雇う一方（労働投入量の51％が雇用労働），ジュアカリでは7日間，兄や友人と代かきや除草を手伝い合う。Fは1月頃，収穫したバスマティ米30袋とBW米7袋を，生産者組合や地元のレストランに売却する。Fの世帯の1人あたり所得62,572KSh（同13位）のうち，給与所得が55％を占める。兄と姻族に，3.5袋程のBW米（収穫量の7％）を分配し，残りのBW米4袋を家族で消費する。7〜12月（年10回程），FはEにコメの分配を頼み，合計6袋（Fの世帯構成員全体の年間コメ消費量の60％程にあたる）をもらうが，感謝の言葉を口にすることはない。Fは父にコメをもらえなくても，給与所得で買うことができる。そのため，タイプ3の父によるコメの分配が子の生存に果たす役割は，タイプ1の事例より小さいと考えられる。Fは将来，貯金をして，さらに広いマエカを購入したいと考えている。

● なぜムエアの農民はコメを食べ，分かち合うのか？

　以下で世代別に農業生産・消費の特徴をまとめよう。ここでは，人類学の分野のモラル・エコノミーの概念を参考に，農民の行為を，経済合理的な人間の行為（たくさんコメを売って多くのお金を儲けたい，という考え方に基づく「市場経済的行為」）と，キクユの伝統的社会から受け継がれたコミュニティにおける常識に沿った行為（貧しい人に食料をあげるのは当たり前であり，たくさんコメを分け与えることでもっと社会的な評判・地位を上げたい，という考え方に基づく「モラル・エコノミー的行為」）の両方に影響されていることを想定する（**図表3-6**）。

　第一世代は，整備された事業区内の水田であるマエカでコメを生産する過程で，労働力や投入財を市場から調達する。同じ地区のマエカを利用する農

第3章　アフリカ・ケニアのコメの生産地域の暮らし

図表3-6　ムエアの農民の市場経済的行為とモラル・エコノミー的行為

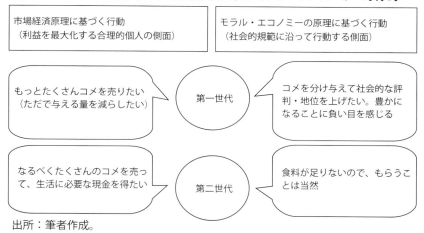

出所：筆者作成。

民の間で労働交換は困難であることや，「忙しい」第二世代に手伝わせることへの遠慮が，周囲の人と協力して農作業を行わない理由であると見られる。国家灌漑公社の指示通りに作業を行い，安定した収穫量を得る。収穫直後に約半分のバスマティ米を，その後は残りを少量ずつ売却する。それは，価格の上昇期に出荷するためというよりも，生活に必要な現金をその都度獲得する行為とみなせる。また第一世代は，寄合や教会の集まりなどでBW米を分けながら，伝統的な価値観を，主に第二世代に向けてとく。借金をしながら多くのBW米を生産して，無償で分配するという第一世代もいる。こうして第一世代は，商品交換に支えられるマエカでの市場経済的生産と，コメの分配のようなモラル・エコノミー的処分を組み合わせることで，入植の過程で失った社会関係を補いながら，高い社会的地位を保っている。

　第二世代の多くは，整備された水田であるマエカと，手作りのあまり整備されていない水田であるジュアカリの利用方法を，明確に変えている。マエカでは，第一世代と同様に，労働力や投入財を市場から調達する。一方，ジュアカリでは，親族・友人との間で現金を用いない互酬的な取引や協力をする。灌漑施設がなく，勾配がある土地を利用するには，農民どうしが調

整・相談しながら水を引いたり整地をしたりする必要が生じる。処分過程では，収穫直後に多くのコメを売却する。そのため，約半数の第二世代は，他世帯の人にコメを与えることができない。残りの第二世代は，生産に協力してくれた相手などに，少量のコメを与えた。一部の第二世代の農民のBW米を地元で売却するという行為からは，なるべく多くのコメを「商品」として売ろうとする志向を読み取ることができる。このように第二世代は，ジュアカリでの労働交換や取引のようなモラル・エコノミー的生産と，コメの売却という市場経済的処分を組み合わせることによって，マエカを十分に利用できないという資産の不足を補い，生計を維持しようとしている。

　以上から，農民が，使いやすい資産（第一世代にとってのマエカ，第二世代にとっての社会関係）を活用する行為として，生計がとらえられる。第一世代は，マエカから自給分を上回る量のコメを収穫することで，コメを多くの人に分配しながら社会関係を広げることができた。第二世代はジュアカリで同世代の農民と協力しながらコメを生産し，収穫したコメの多くを売ることで所得を補う。このように農民は，ときには独立して市場を通じた取引を行い，ときには周囲の人と協力し合いながら生計を維持している。

3.2　食を通じた人々のつながりは何を生むのか？

● ケニアのコミュニティでは，食料を与えたりもらったりすることで，誰もが食料を安定的に確保しながら，豊かな人間関係が築かれてきた。食の自給性，貧者に食を与える寛容性，食の平等性により，人間関係や秩序が保たれてきた。

● コメはどのような人々の間でどのように分けられているのか？
　～コメの収穫後の時期の自発的な分配により，食が公平化される～
　調査対象とした47人は同じユニットメンバーであり，「生産のコミュニティ」を築いていると同時に，「消費のコミュニティ」（食料の共有や分かち

第3章 アフリカ・ケニアのコメの生産地域の暮らし

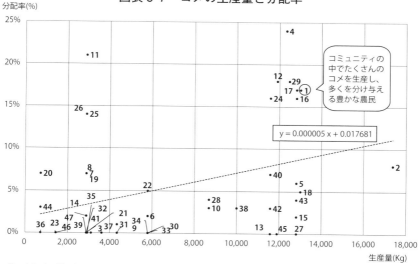

図表3-7 コメの生産量と分配率

注：(1) 点の横にある番号は，世帯番号 (No.1～No.47) を表す。(2) 2011/2012年のデータ。バスマティ米とBW米の籾の重量の合計。(3) 分配率は，調査農民の集団内の分配量を，各農民の生産量で除した値を指す。(4) 回帰分析をした場合，生産量と分配率の間には有意な相関がある (t値=2.619)。(5) 図中の線は近似線，式は近似式を表す (図表3-8，3-9，3-10も同様)。
出所：伊藤 (2017a) を修正・転載。

合いを通じてつながりあっている集団）ともみなせる。農民は，周囲の人が生産したコメのうち，どの程度の量を売ったり村の中で分配したりしたのかということも，ある程度把握している。インタビューでは，個々の農民がなぜ，どのような意図でコメを売ったり分けたりするのか，他の人がコメを売ったり分けたりすることに対してどのような感想を持つか，といった認識も調査した。農民の言動から，当該社会の人びとが集団として共有していると考えられる社会規範や「常識」を，可能な限り，推測する。

図表3-7は調査農民によるコメの生産量と分配率（世帯のコメ生産量に占める，他の調査農民への分配量の割合）の関係を示す。コメの生産量が多い農家ほど分配率が高い。右上の方に位置する世帯番号1 (No.1) の農民は豊かな第一世代であり，多くのコメを生産し，生産したコメのうちの多くの割合を他の人にただであげている。多くのコメをふるまう行為は，気前が良い

75

図表3-8 コメの生産量と分配相手数

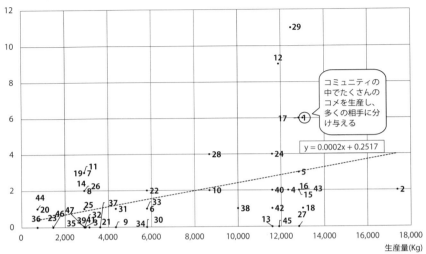

注：回帰分析をした場合，生産量と分配相手数の間には有意な相関がある（t値=3.781）。
出所：伊藤（2017a）を修正・転載。

行為としてコミュニティの中で尊敬される。No.1によるコメの生産や処分の特徴は季節により異なる（詳細は後で説明する）。

　図表3-8では，調査農民によるコメの生産量と分配相手数との間の関係を表す。ここでは「生産量が高いほど，分配の相手の人数が多い」という関係がある。図表3-7，3-8のように，コミュニティの中で豊かな農家は，より多くの割合のコメを，より多くの相手に分けているということになる。逆に，コミュニティの中で貧しい農家は，少ない生産量のうちの多くを分けることをしていないし，分ける相手も少ない（あまり分けないことに対して，コミュニティからの社会的圧力がかからない）。豊かな農家と貧しい農家の分ける割合や分ける相手数は異なっており，豊かな農家がより多くを分けることが，コメを消費できる量が均等化するような方向に働いている。No.1の農民はこの図でも右上の方に位置しており，多くのコメを生産し，多くの相手

第3章 アフリカ・ケニアのコメの生産地域の暮らし

図表3-9 コメの生産量と販売率

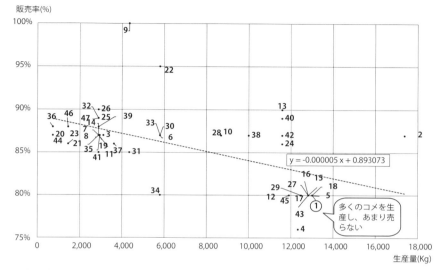

注：回帰分析をすると生産量と販売率の間には有意な相関がある（t値＝－4.636）。
出所：伊藤（2017a）を修正・転載。

にただでコメをあげている。

図表3-9からは，生産量と販売率（生産量に占める，販売量の割合）の間に「生産量の多い農民ほど販売率が低い」という関係が分かる。多くの農民の販売率は85〜90％の範囲にある。販売率が90％を超える農民の生産量は平均より低い。No.22は生産量の5％を友人に分配したが，No.9は誰にも分けなかった。販売率の高い農民は「現金が必要だから売るしかない」と言い，自らが「貧しい」と嘆く（2013年聞き取り）。販売率の低い農民の生産量は，平均値を上回ることが多い。市場経済社会では，多くの農産物を生産できる大規模で豊かな農家は，大量の農産物を有利な条件で市場に販売し利益を高めることができ，販売率が高くなるはずである。しかし対象者のコミュニティ内で豊かなNo.1は図の右下に位置し，多くのコメを生産し販売率が低い。これはコミュニティで多くのコメを生産する人が多くの割合の分配・贈与し

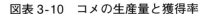

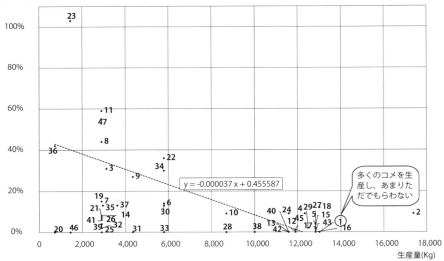

注：(1) No.44の情報（獲得率323％）を図から除外した。(2) 回帰分析をした場合，生産量と獲得率の間には有意な相関がある（t値＝－2.558）。
出所：伊藤（2017a）を修正・転載。

ているためである。

　農民による生産量と獲得率（生産量に占める，ただでもらったコメの割合）の間には，「生産量が高いほど獲得率が低い」という関係がある（**図表3-10**）。獲得率の高い農民の生産量は平均を下回る。No.8，No.23，No.47，No.11のような第二世代は生活に余裕がないため，「コメが余っている豊かな人から，もらう権利がある」と主張する。No.8，No.11，No.23の獲得相手数は16人を上回るほど多い。No.1は右下に位置しており，多くのコメを生産しており，他の人にあげているため，他の人からただでもらうことは少なく獲得率が低い。No.1，No.4，No.12，No.29のような生産量が多く「豊か」とみられていた第一世代の獲得率は全体として低い。このような農民は，少しのコメしか分配しないような多くの若い農民からも，集会などで食事をともにする相手として選ばれる。つまりもらうよりも与えることを当たり前としている。

第3章　アフリカ・ケニアのコメの生産地域の暮らし

● コメを分かち合う理由やその意味は，季節によって変化する

　次に，コメの分配の相手や方法について検討する。コメを分かち合うことにはどのような理由（動機・モチベーション）があるのか，また，分かち合いの意味や形態はどのように変化するのかを考える。ここで，食料分配に関する研究は，分配の類型として，「自発的な分配」と「義務的な分配」の2つを想定してきた（今村，1993，笹岡，2012など）。調査農民による分配も，このような区分を適用して，2つに分けてとらえることができる。つまりコメの提供者から受領者への矢印により分配のネットワークを描いた**図表3-11**において，上図は「自発的な分配」を通じた分配者と受領者の関係を，下図は「義務的な分配」を通じた分配者と受領者の関係を表す。

　「自発的な分配」は，典型的には，仲の良い友人や親族に対して行われ，分配するかしないかはある程度分配者の裁量に任され，相互性が強く意識されるような分配である（今村，1993）。調査農民の全て（47人）が，調査前年の1年間の間に，「集会」に参加して他の調査農民のうちの1人以上と食事をともにする機会を持った。昼食や夕食のときに，複数の家族が集まり，それぞれが持ち寄った食材を，女性たちが一つの鍋や臼で混ぜ合わせて調理し，出来上がった料理を参加者全員になるべく均等になるように配りなおす。普段持ち込まれる食材の種類は，コメ（BW米という市場であまり高く売れない品種），トウモロコシ，ミレットなどの雑穀，イモ，豆，葉野菜などに限定されている。子どもが参加している場合には，子どもに対して優先的に食事が出される。そのあと，男性たち，女性たちが，それぞれに集まって，食事をする。食事をしながら農民は，新しい農業技術，求人情報といった，経済活動に関する情報を交換したり，キクユの伝統やキリスト教の教えを説いたりすることもある。通常の集会では，農民とその家族を含めた20〜30人が，村の中の広場や空き地に集うということが多い。2，3の家族が，誰かの家の庭で集まるような小規模な集会も，30以上の家族が広場に集まるような大規模な集会もある。調査農民が参加する集会数は，年間のべ30回ほどになる。特に，収穫後，多くの農民の家に豊富にコメがある時期には（12月

79

から数ヶ月間），週に１回〜月に３回ほどという高い頻度で，村の中の様々な場所で集会が開かれる。

　集会に誰を呼ぶのか，誰と食事をともにするのかは，個々の農民の自由である。近くに住む，仲が良い，水田が近い，同級生，農業に関する情報を多く持つなど，相手の選び方は多様である。食料を持ち込むかどうか，またどれくらい持ち込むかも，個々人の裁量で決められる。ただし，村人の間で「あの人はいつも何も持ってこない」，「食料をためたり，たくさん売ったりして金を儲けている」という噂をされることを，農民は恐れている。多くの人は，あまり余裕がなくても少量のコメを持ち込むようにしているという。若い農民が，持ち込んだコメの量より多くの量を，家族で食べることも多い。このような農民の水田が狭く，生産量が著しく少ないことを周囲が分かっている場合，農民の行為は周囲から「仕方がない」ことであるとみなされ，責められることもない。

　図表3-11（上図）のような自発的分配の相手の多くは非親族である。親族関係の有無で相手を分類すると，93％を非親族が占め，血族（父系親族・世帯主の親族）は５％，姻族（世帯主の妻の親族）は２％にとどまる。親族であっても，比較的遠い関係である場合が多い（血族５％のうち，４％ポイントが親等数２の兄弟姉妹，１％ポイントが親等数３のイトコやオジ，オイなど）。１農民あたりの非親族へ向けた分配量（199kg）は，親族（血族や姻族）へ向けた分配量（385kg）より少ないが，分配回数に関しては非親族へ向けた分配の方が，親族へ向けた分配よりも圧倒的に大きい。全体としては１年間に集会を通じて分配する量は，１農民あたり平均210kgである。

　他方で，「義務的な分配」は，典型的には「親族に対して行われ，当然だとみなされ，かつ相互性があまり意識されないような分配」である（田中，2001，市川，1991）。39人が調査前年の１年の間に，近親者などからの直接の要求に応える形での二者間の分配を行った（以下では39人の平均値を示す）。池谷（2007：95）は，このような種類の分配について，「『持てる者』は，『持たざる者』からの要求を拒むことができないのが道義なのである」

第3章 アフリカ・ケニアのコメの生産地域の暮らし

図表3-11 コメの分配を通じた農民間の関係
（上：自発的分配，下：義務的分配）

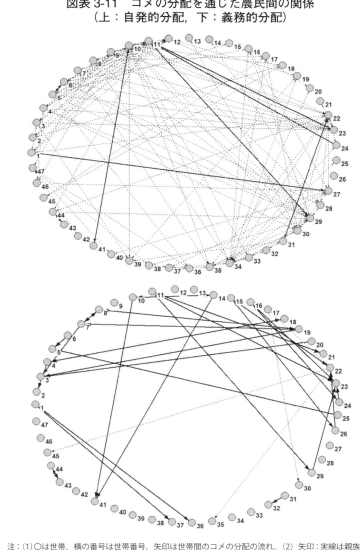

注：(1) ○は世帯，横の番号は世帯番号，矢印は世帯間のコメの分配の流れ。(2) 矢印：実線は親族（血族，姻族を含む），破線は非親族を示す。(3) 上の図：矢印の出発点は集会にコメを持ち込む人，到達点は同じ集会に参加した相手，本文中の「自発的分配」の相手を示す。(4) 下の図：矢印の出発点は分配者，到達点は受領者，本文中の「義務的分配」の相手を示す。
出所：伊藤（2017a）より転載。

81

と述べている。コメが不足し始める9月から12月頃になると，このような性格を持つ分配がなされるようになる。**図表3-11**（下図）のような義務的分配の分配者と受領者の間には，親族関係があることが多い（分配相手のうち，血族が68％，姻族が23％，非親族間が10％を占める）。特に，親等数1（父または子）と親等数2（兄弟）への分配が，全体の分配の56％を占めることから，近い父系親族へ向けた分配が多いといえる。1農民あたりの平均的な分配相手は約1.1人，分配の回数は1年間に2.5回である。血族へ向けた分配量（264kg）は，姻族，非親族への分配量（順に233kg，116kg）に比べて多い。1農民あたりの平均分配量は，年間206kgと，義務的分配の場合と比べてあまり変わらない。ただし，少数の相手，とりわけ父系の近親者に，少ない頻度で，多くのコメを一挙に分配するという特色がある。

義務的分配と自発的分配のそれぞれの分配方法が，農民の間の生産量の格差を，どの程度是正し，消費を平準化するという効果を持つのかを，集団内の格差の程度を表すジニ係数の計測により検討する。調査農民の集団において，コメの生産量のジニ係数は，0.37と推定される。自発的な分配があり，義務的な分配がないと想定した場合，各農民が消費できるコメの量（生産量に，集会を通じて獲得した量を足し，集会において分配した量を引いた値）を算出すると，集団のジニ係数は0.33となる。それは，分配が全くなされない場合の，生産量のジニ係数よりも低い。他方で，義務的な分配が行われるが，自発的な分配が行われないと想定した場合，農民によるコメの消費可能な量（生産量に，特定の相手から一方的に獲得した量を足し，特定の相手へ向けた分配量を引いた値）のジニ係数は0.37となる。

その値は，生産量のジニ係数よりも若干高い。そして義務的分配と自発的分配の両方が行われた場合のコメ消費可能量のジニ係数は0.33と，分配が行われなかった場合の生産量のジニ係数よりも低くなる。以上から，一般的にはコミュニケーションの一環という社会的機能を果たすといわれている自発的分配（今村，1993，笹岡，2008，2012，竹内，1995）は，調査農民の集団においては，農民の間の生産量の格差を是正するという経済的機能も果たし

第3章 アフリカ・ケニアのコメの生産地域の暮らし

図表3-12 ある農民のコメの販売率・分配率・販売価格の季節変化

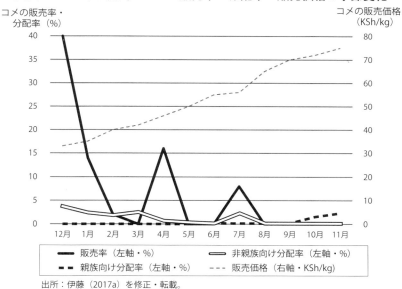

出所：伊藤（2017a）を修正・転載。

ているといえる。

　ここで，第一世代の農民（No.1）が具体的にどのようにコメを他の人に分けているのかを見ていこう。**図表3-7 ～ 3-11**に示されているように，No.1は，分配率，分配相手数が多く，販売率や獲得率は少ないという，豊かで社交的な農民である。**図表3-12**に，地元市場でのコメの価格と，No.1による販売率，親族への分配率，非親族への分配率の，1年間の推移を示した。コメの収穫は年に1回で，12月頃から行われる。

　非親族への分配率は，収穫後，3月頃までの期間は，3～4％ほどの間を推移する。4月頃から徐々に低下し，7月にやや上がった後は，8月以降はほとんど0％になる。親族への分配率は，9月頃までずっと0％であり，10月以降の限られた時期，やや上がる程度である。ムエアではコメの市場価格の変動が大きく，コメが収穫され多くの農民の家に豊富にコメがある時期に（12月頃）にコメの販売量も増えて価格が低下する。一方で次の収穫までの

83

時期（1月から11月にかけて）にかけてコメの販売量が減り価格は上昇する。

No.1は，収穫後の時期（12月末）から，週に1度以上，近所の家族と集会を開いて食事をともにする。その際，毎回のようにコメを提供する。食事の相手は，調査農民中6人（うち5人は隣人，友人などの非親族，1人は姻族）で，調査農民以外の人を含めると約30人にのぼる。また，週に1度の教会での礼拝の後に開かれる食事会にも，コメを持ち込むことが多い。分配相手の多くは，儀礼の子など，第二世代である。このような場でNo.1は，キクユの伝統的な生き方，平和に生きるためには助け合いが大事であることや，キリスト教の教えを説くなど，人びとの集まりの真ん中で多くの人に語りかけている。その様子は，主観的な表現になるが，楽しげであり，自信にあふれていた。また，その集会の場に参加する若い農民たちも，No.1の語りに熱心に耳を傾け，価値観を共有しているようであった。このような集会の頻度は，9月頃以降に大きく低下する。

収穫前の時期には，毎年のように，近所に住む息子がコメを分けてくれるようにと要求しにくる。No.1は，「家族を助けるのは当然だ」という認識のもと，コメを与える。例えば2012年，息子の家族が訪ねてきた9月から11月にかけて3～4回に分けて，合計BW米5袋を渡した。このような場では，気楽に親子が語り合うというようなことはない。息子は，家族が空腹であることを訴え，必死にコメの分配を頼む。父はあまり話さずに，要求されるままにコメを与える。そこでは，厳かに，威厳のある父として振る舞っている。12月初旬になると，No.1の家においても，分けられるコメはほとんどなくなっていた。そのため，12月に再度息子が訪ねてきて分配を要求したときには，もうコメが残っていないことを理由として，分配を断った。そのことを息子は受け入れて，兄弟に分配を要求しに行ったという。

息子から要求されたときに家にコメがあれば，No.1は息子の要求に応じなければならない。もし家にコメがなければ，分けないことは「仕方がない」こととみなされる。そこでコメが豊富な時期には，非親族へ向けて大量の分配をすることで，息子に分配しなければならない量を「あらかじめ」減らし

第3章　アフリカ・ケニアのコメの生産地域の暮らし

ている，ととらえることもできる。エチオピアの商品作物生産地では，市場で売ることのできる農産物を売却することによって，あらかじめ親族からの過度の分配の要求を避ける農民がいたという（松村，2008）。それに比べると，調査農民の多くはNo.1のように，集会を通じコメを多くの非親族に分け，1年を通じ，分配相手が親族に偏らないようにしているようであった。農民が一定程度のコメを「食料」として共同で消費するしくみは，集団的な自給を満たし社会を安定化する役割を果たしているといえるであろう。

　これまでコメの生産や分かち合いに注目してきたが，アフリカでは，コメ以外にも多様な主食があり，食の多様性が維持されてきた。以下では，ムエアの調査を引き続き用いながら，家族の食事を準備する女性に焦点を当てて，どのような食料がどのように消費されているのかを明らかにする。

3.3　コミュニティの伝統的な食はどのように継承されてきたのか？

● ケニアでは食の欧米化が進んでいるが，コミュニティの女性は家族の健康を保とうとする意識が高く，イモ料理など民族の伝統料理を家族や隣人と一緒に食べている。そうして食の多様性が確保され，食文化の継承が可能になっている。

● **アフリカの食料消費の変化について現地の人はどう思っている？**

　2000年代以降のアフリカでは，都市化やライフスタイルの変化に伴い，食生活が変化してきた。従来アフリカ農村では，「共食」という，多くの人が共に食事を摂る慣行が実践されてきた（杉村，2007）。典型的には，穀物やイモ類などで作られる伝統的主食を大皿に盛り，大勢の人が共に食べることを通じ，社会関係や伝統文化が維持・継承されてきた。副食としては，農村で栽培される豆類・葉菜類・果菜類や家畜が消費されてきた（安渓ほか，2016）。しかし都市化や女性の社会進出に伴い，外食・個食の機会が増加した。同時に，調理に手間がかかる伝統的主食や，価格の高い野菜や果物の消

85

費が減少し，それに代わって，調理が簡単な主食（コメやパン），安価な輸入食品・加工食品，食用油，スナック，インスタント食品の消費が増えている。アフリカの食生活の変化は，生活習慣の変化などと共に人々の栄養・健康状態に影響を与えることを通じ，肥満など生活習慣病を増加させている（Haggblade et al., 2016）。今日では，人々が適切な価格で十分な量・質の食料や栄養素を確保できること，多様な品目をバランスよく摂取できる「健康的な食事」の摂取が，国際的に推奨されている（FAO et al., 2020）。

　食に関する情報がメディアを通じてグローバルに発信されている近年，消費者の様々な意識や価値観も，食品摂取行為に影響していると考えられる（渡辺ほか，1995）。アフリカ都市部を対象とした研究では，安全性や栄養価の高い食品の購入に関する意識の実態や，健康知識と食事の摂取行為との関連が検討されてきた（Pambo et al., 2014，Kigaru et al., 2015，Wang et al., 2019）。

　先進国やアフリカの都市を対象とする研究では，食品の入手や消費の時に，どのようなことを意識しているかといった食の志向に関する調査（手法として因子分析を使うことが多い）が蓄積されてきた（食に関する意識の因子分析，食の志向と食品摂取の関連，食品摂取頻度・多様性などに関する検討として，渡辺ほか，1995，三宅ほか，2016a，2016b，阪本ほか，2021など）。日本の学生調査では，おいしい店やダイエットに関する意識を強く持つことは，それらの意識に沿った行動を促すこと（渡辺ほか，1995），栄養知識への確信度と緑黄色野菜の摂取頻度との間に関連があること（三宅ほか，2016a），食生活への志向と菓子・嗜好飲料類などの摂取頻度との間に関連があること（三宅ほか，2016b）が指摘されている。菊島ほか（2021）は，日本の高齢者の食料品店アクセスに関する調査で，「健康に良い食品をよく食べる」などの「こだわり志向」や，「食品は少しでも安いところで買う」などの「経済性志向」という共通因子を抽出し，「こだわり志向」や「経済性志向」の強さ，食料品店へのアクセスのしやすさなどと，食品摂取の多様性，緑黄色野菜・果実類の摂取頻度などの関連を検討した。

しかしながら，アフリカ農村世帯を対象とした，食品摂取行為に影響を及ぼしうる心理的要因としての意識に注目した実証研究は少なかった。そこで，ムエアにおいて筆者が2020年から実施した，家族の食事を準備する女性（1人暮らしの女性を含む）に対する調査結果を用いながら，調査対象者の食品の入手や消費に対する意識が，対象世帯の特徴や食品摂取とどのように関連するのかを検討する。

● ケニアの稲作地域では，コメに加えて伝統食がよく食べられている

2020年と2021年，ムエアの村の一角に住む40世帯の女性に対して食に対する意識や食品摂取の状況について調査を行った（伊藤，2022）。以下でとりあげる調査対象は女性であり，3.1と3.2でとりあげた男性農民とは同じ地域に住むが別の人たちである。調査地は都市にアクセスしやすく，メディアや都市との往来を通じて食に関する様々な情報・知識が入手可能である。人々は，食生活におけるこだわりや経済性などに対する意識も，明確に持っていることが予測された。また，事業区に隣接する村に住む農家の間では，食の贈与を通じて社会関係が維持され，民族の伝統文化が継承されている（Ito and Tsuruta，2020）。

調査対象者は互いに顔見知りで，互いの家は歩いて15分以内の距離にある。質問票調査には（1）世帯の社会経済的特徴（年齢，職業，家族数，1人当たり月間支出・食費，教育水準，親族・友人関係など），（2）1週間の食事記録（日常的に摂取されている料理・原材料の48種類それぞれを，1週間の朝食・昼食・夕食・間食において摂取したか），（3）食品の入手や消費に関する意識に関する項目を含んだ。

ここで，コメを消費するようになる前から食べられてきた伝統的なキクユ民族の料理を紹介する。キクユはコメ以外の穀物（トウモロコシ）やイモ類などを消費してきた。キクユの伝統料理（斜体はキクユ語の呼び名）には，*Githeri*（トウモロコシ粒と豆の料理。野菜，ジャガイモが入ることもある），*Ngima*（トウモロコシ粉のだんご，スワヒリ語の呼び名は「ウガリ」），

Ucuru（トウモロコシ粉の柔らかい粥），*Irio*（トウモロコシ，豆類，バナナ，ジャガイモ，野菜などのマッシュ料理），*Gitoero*（ジャガイモや野菜のシチュー）などがある（Oi, 1983：82）。従来ムエアの農家の多くはトウモロコシを主食としてきたが，1990年代末のコメ販売自由化以降，コメを主食とするようになった。人々は今日も近代的食料品店をあまり利用せず，一部の食品を小規模な店，屋台，肉屋などで購入する。共同の井戸で水を取得し，主に薪を使い調理する。食事記録を元に，以下の方法で世帯の食品摂取品目の多様性を把握した。まず摂取食品を10の食品群に分類した。具体的には，「主食」を，コメ，小麦製品（パン，チャパティなど），トウモロコシ料理（*Githeri*，*Ngima*，*Ucuru*，*Irio*など），イモ料理（*Giteoro*など）の4つの食品群に分類した。次に「主食以外」を，肉類，野菜，イモ類，豆類，果物，スナックの6つの食品群に分類した。なお，ジャガイモや野菜のシチューである*Gitoero*は，調査対象者の摂取回数の78％で他の主食と重複して摂取されていなかったため，「主食」の中のイモ料理に分類した。他方，サツマイモ，クズウコン，ジャガイモ，キャッサバなどを，茹でる・蒸すなどしてそのまま副食として食べる場合は「主食以外」の中のイモ類に分類した。

　世帯の食品摂取の多様性の指標として本稿は，最近1週間に1日でも摂取した食品群を1，摂取しなかった食品群を0とし，足し合わせて「修正HDDS」を計算した（Jones et al., 2014）。この手法を用いる理由は，第一に1週間の調査により日常的な摂取食品を明らかにできること，第二にほぼ毎日摂取する食品群をとらえる「多様性得点」（熊谷ほか，2003）に比べ，食品の入手可能性が限られ，日によって異なる主食を摂る習慣がある調査地の事情を考慮し，世帯間の食品摂取の差異を明らかにできるためである。修正HDDSの指標を用い，先述の主食の4つの食品群の中で1週間のうち1日でも摂取した食品群を1，しなかった食品群を0として合計し「主食の多様性」（0～4）を計算した。主食以外の6つの食品群に関しても同様に「主食以外の多様性」（0～6）を計算した。多様性に関する値が高いほど，多様な食品を摂取していることから，より健康的な食生活を送っているとみな

第3章　アフリカ・ケニアのコメの生産地域の暮らし

図表 3-13　食に関する調査の対象者（女性）の概要

		平均値	標準偏差
属性	年齢（歳）	46.225	17.680
	家族数（人）	3.650	1.545
	1人当たり月間支出（KSh）	10,527	26,300
	1人当たり月間食費（KSh）	3,230	1,947
コメの利用（%）	販売率	70.912	0.141
	自家消費率	19.015	0.093
	贈与率	9.406	0.074
	購入率	38.276	0.460
社会関係（人）	友人数	5.350	3.142
	親族数	0.550	0.749
	携帯電話連絡人数	2.600	1.057
主食の摂取頻度（日/週）	コメ	4.975	1.544
	小麦製品	2.950	2.112
	トウモロコシ料理	5.600	1.429
	イモ料理	0.700	0.791
主食以外の摂取頻度（日/週）	肉類	1.225	1.405
	野菜	5.475	1.109
	イモ類	4.025	2.032
	豆類	3.700	1.418
	果物	0.850	1.272
	スナック	0.925	1.591
主食の多様性（0～4）		3.375	0.490
主食以外の多様性（0～6）		4.300	1.018

		事例数	割合
子育て	子と同居している	23	58%
	子と同居していない	17	43%
同居	家族と同居している	35	88%
	家族と同居していない（一人暮らし）	5	13%
共食	食事を他の人と食べる	36	90%
	一人で食べる（孤食）	4	10%
教育	初等教育	27	68%
	中等教育	9	23%
	高等教育以上	4	10%
農業（稲作）	稲作に従事している	25	63%
	稲作に従事していない	15	38%
農業（稲作以外）	コメ以外の作物を生産している	24	60%
	コメ以外の作物を生産していない	16	40%

注：(1) コメの利用に関し，コメ販売率は2020年の生産量に占める販売量の割合，自家消費率は生産量に占める自家消費量の割合，贈与率は生産量に占める他世帯へ無償で贈与した量の割合。購入率は2020年に世帯で消費したコメの量に占める，市場で購入したコメの量の割合。(2) 社会関係に関し，義理の母娘，姉妹など，別居しているが親族関係のある者を「親族」，親族関係がなくても親密な者を「友人」とし，調査対象者のリスト（本人を除く39人）から，「親族」と「友人」にあたる全員の選択を依頼した。携帯電話連絡人数は携帯電話で頻繁に連絡する人数（調査対象者以外を含む）。(3) 主食の多様性（0～4），主食以外の多様性（0～6）に関し，値が高いほど，調査対象世帯が多様な品目を摂取していることを意味する。(4)「子育て」に関し，15歳以下の子どもと同居する回答者を「子と同居している」に分類した。(5)「農業（稲作・稲作以外）」に関し，2020年に，水田の貸し出し，稲作以外の仕事，健康や家庭の事情などにより稲作に従事しなかった調査対象者を「稲作に従事していない」に分類した。また，トウモロコシ，豆類，イモ類，野菜などコメ以外の作物を，庭先などで小規模・自給用に生産した調査対象者を「コメ以外の作物を生産している」に分類した。
出所：伊藤（2022）を修正・転載。

89

図表3-14　食品消費に対する意識に関する質問項目への回答の概要

質問項目	平均値	標準偏差
なるべく多くの種類の食品を摂りたい	3.675	0.829
ケニア産の食品を摂りたい	3.625	1.005
なるべく低価格の食品を買いたい	3.175	1.357
なるべく食費を抑えるようにしている	3.175	1.357
キクユ民族の伝統的食事を摂りたい	3.100	1.392
なるべく家族や親族と食事を摂りたい	3.050	1.339
よく割引された食品を買う	2.950	1.395
健康的な食事を摂りたい	2.825	1.412
栄養バランスのとれた食事を摂りたい	2.800	1.436
地元の食への愛着がある	2.025	1.349
なるべく友人と共に食事を摂りたい	2.000	1.414

注：各質問項目への共感の程度を1~5の5段階で評価してもらった。平均値が高いほど対象
者の各質問項目への共感の程度が平均的に高いことを意味する。
出所：伊藤（2022）より転載。

せる。

　図表3-13には調査対象者の概要を示す。平均年齢は46歳，家族数は3.65人であり，核家族の居住形態が多い。生産したコメの多くが販売されるものの，一定割合が自給や贈与に利用され，市場でのコメの調達も行われている。調査対象者の間には，友人・親族など親密な関係が張り巡らされている。子育て中の者が58％，家族と同居している者が88％であった（同居家族は共に食事を摂る）。2020年，調査対象者の38％は，水田の貸し出し，稲作以外の仕事，健康や家庭の事情などにより稲作に従事しなかった。60％は，トウモロコシ，豆類，イモ類，野菜などコメ以外の作物を，庭先などで小規模・自給用に生産していた。主食の中ではトウモロコシ料理やコメ，主食以外の中では，野菜，イモ類，豆類の平均摂取頻度が，比較的高い。スナックや果物は，間食で摂取されることが多い。主食の多様性の平均値は3.375，主食以外の多様性の平均値は4.3である。

　次に，意識に関する質問項目への回答の概要を示す（**図表3-14**）。なるべく多くの種類の食品を摂りたい，ケニア産の食品を摂りたい，なるべく低価格の食品を買いたい，なるべく食費を抑えるようにしているといった質問項目への共感の程度が高い。なるべく友人と共に食事を摂りたい，地元の食へ

第3章　アフリカ・ケニアのコメの生産地域の暮らし

図表 3-15　因子分析の結果

質問項目	I. 低価格志向	II. 健康志向	III. 共食志向	IV. 地元志向	共通性
よく割引された食品を買う	**0.935**	-0.180	-0.087	-0.001	0.914
なるべく食費を抑えるようにしている	**0.914**	-0.040	-0.176	-0.072	0.873
なるべく低価格の食品を買いたい	**0.914**	-0.063	0.057	0.169	0.870
栄養バランスのとれた食事を摂りたい	-0.061	**0.838**	0.400	0.120	0.881
健康的な食事を摂りたい	-0.090	**0.820**	0.431	0.132	0.884
地元の食への愛着がある	-0.109	**0.615**	-0.123	-0.080	0.412
なるべく友人と共に食事を摂りたい	-0.051	-0.052	**0.815**	0.149	0.692
なるべく家族や親族と食事を摂りたい	-0.053	0.217	**0.712**	0.108	0.568
なるべく多くの種類の食品を摂りたい	-0.095	0.263	**0.559**	-0.307	0.485
キクユ民族の伝統的食事を摂りたい	0.111	-0.092	0.134	**0.880**	0.813
ケニア産の食品を摂りたい	-0.041	0.167	-0.008	**0.850**	0.753
因子負荷量の平方和	2.596	1.946	1.905	1.697	—
寄与率	23.596	17.695	17.317	15.431	—
累積寄与率	23.596	41.291	58.609	74.040	—

注：因子負荷量が0.5以上の箇所を太字・網掛けで示している。因子の抽出法は主成分分析，因子の回転法はバリマックス法を用い，因子の解釈可能性により，固有値が1以上の因子を採用した（小田，2007）。
出所：伊藤（2022）より転載。

の愛着があるといった項目への共感の程度は比較的低い。

　図表3-15は，食に対する意識を構成する11項目の因子分析の結果である。その結果，4つの因子（第I因子，第II因子，第III因子，第IV因子）が抽出された。第I因子は，よく割引された食品を買う，なるべく食費を抑えるようにしている，なるべく低価格の食品を買いたい，という3項目から構成され，「低価格志向」と名付けられる。第II因子は，栄養バランスのとれた食事を摂りたい，健康的な食事を摂りたい，地元の食への愛着があるという項目から構成されるため「健康志向」と名付ける。第III因子は，なるべく友人とともに食事を摂りたい，なるべく家族や親族と食事を摂りたい，なるべく多くの種類の食品を摂りたい，という項目から構成され，「共食志向」と名付けられる。第IV因子は，キクユ民族の伝統的食事を摂りたい，ケニア産の食品を摂りたい，という項目から構成され，「地元志向」と名付けられる。以上から，調査地の女性の食への志向として，低価格，健康，共食，地元といった，多様な意識がもたれていることが明らかになった。

　以下では，抽出された4つの志向の強さ（因子得点で表される）と社会経済的特徴や食品摂取の特徴の関連を検討する。

91

図表 3-16　調査対象世帯の社会経済的特徴による因子得点の平均値の比較

		Ⅰ. 低価格志向	Ⅱ. 健康志向	Ⅲ. 共食志向	Ⅳ. 地元志向
子育て	子と同居している	0.196	-0.210	0.119	0.080
	子と同居していない	-0.266	0.284	-0.160	-0.108
	t 値	1.465	-1.575	0.870	0.580
同居	家族と同居している	**0.127**	0.046	0.046	-0.033
	家族と同居していない（一人暮らし）	**-0.890**	-0.320	-0.324	0.234
	t 値	**2.234***	0.761	0.771	-0.554
共食	食事を他の人と食べる	**0.120**	0.058	-0.013	**-0.060**
	一人で食べる（孤食）	**-1.082**	-0.525	0.117	**0.544**
	t 値	**2.419***	1.110	-0.243	**-2.829****
農業（稲作）	稲作に従事している	**-0.223**	**0.277**	0.006	0.106
	稲作に従事していない	**0.371**	**-0.461**	-0.010	-0.176
	t 値	**2.091***	**-2.391***	-0.042	-0.861
農業（稲作以外）	コメ以外の作物を生産している	-0.180	0.290	0.040	-0.100
	コメ以外の作物を生産していない	0.120	-0.190	-0.020	0.070
	t 値	-0.632	-1.285	-0.632	0.000

注：**，*は，1%，5%水準でグループ間において有意な平均値の差があることを示す。有意な差が認められる項目
における各グループの平均値と t 値を太字・網掛けで示している。
出所：伊藤（2022）より転載。

　図表3-16は，対象世帯の特徴によって異なるのかどうかを検討するため，子育て中，家族と同居，共食相手の有無，稲作従事，稲作以外の農業に従事という5点に関して調査対象者を2グループに分類した場合に，それぞれの因子得点の平均値が異なるのかどうかをt検定によって検討した結果である。「低価格志向」の因子得点は，家族と同居，食事を他の人と食べる，稲作に従事していないというグループにおいて，そうでないグループよりも高い。「健康志向」の因子得点は，稲作に従事しているグループにおいて，そうでないグループよりも高い。「地元志向」の因子得点は，共食相手がいない孤食グループにおいて高い傾向がある。

　図表3-17は，それぞれの志向の強さを表す因子得点と，世帯の特徴や食品摂取に関する指数との間の相関係数である。「低価格志向」の因子得点の高さは，家族数，コメ販売率，コメ購入率，友人数，親族数と正の相関があり，年齢，1人当たり月間支出，コメ贈与率，果物の摂取頻度と負の相関がある。「健康志向」の因子得点は，コメの摂取頻度と負の相関関係にあり，果物の摂取頻度と正の相関関係にある。「共食志向」の因子得点は，1人当

第3章　アフリカ・ケニアのコメの生産地域の暮らし

図表3-17　因子得点と調査対象世帯の特徴・食品摂取に関する指数との相関係数

		Ⅰ. 低価格志向	Ⅱ. 健康志向	Ⅲ. 共食志向	Ⅳ. 地元志向
属性	年齢	**-0.405****	0.095	-0.114	-0.112
	家族数	**0.497****	-0.254	-0.069	-0.056
	教育水準	-0.216	0.069	-0.015	0.063
	1人当たり月間支出	**-0.334***	0.080	**0.361***	0.122
	1人当たり月間食費	-0.105	0.147	**0.360***	-0.065
コメの利用	販売率	**0.535****	0.079	-0.015	-0.003
	自家消費率	-0.371	-0.034	-0.035	-0.043
	贈与率	**-0.644****	-0.135	0.040	0.022
	購入率	**0.348***	-0.279	0.151	-0.200
社会関係	友人数	**0.384***	0.256	0.081	-0.008
	親族数	**0.338***	0.161	**0.508****	0.021
	携帯電話連絡人数	0.226	0.157	**0.315***	0.166
食品群別摂取頻度	コメ	-0.038	**-0.405****	0.069	-0.227
	小麦製品	0.063	0.030	-0.182	-0.124
	トウモロコシ料理	0.196	0.236	-0.017	-0.084
	イモ料理	-0.140	0.149	0.189	0.373
	肉類	-0.168	0.078	0.268	-0.216
	野菜	0.039	-0.029	-0.067	-0.137
	イモ類	-0.271	0.237	0.120	0.084
	豆類	0.019	0.059	0.014	0.074
	果物	**-0.432****	**0.526****	-0.029	-0.090
	スナック	0.224	-0.025	0.127	0.129
多様性	主食の多様性	-0.077	0.286	-0.080	**0.313***
	主食以外の多様性	-0.115	0.202	**0.319***	0.006

注：**, *は，相関係数が1%，5%水準で有意であることを示す。有意な相関係数を太字・網掛けで示している。
出所：伊藤（2022）より転載。

図表3-18　世帯の食品摂取と社会経済的特徴に関する指数の相関係数

		年齢	家族数	1人当たり月間支出	コメ販売率	コメ贈与率	コメ購入率	友人数	親族数
食品群別摂取頻度	コメ	-0.279	0.297	-0.066	0.166	-0.053	0.059	-0.284	-0.254
	小麦製品	-0.107	0.081	0.020	0.124	-0.299	0.080	0.211	-0.096
	トウモロコシ料理	0.241	**-0.487****	0.287	0.006	0.060	-0.076	0.085	0.069
	イモ料理	-0.033	0.191	-0.108	0.302	-0.153	0.053	0.169	0.043
	肉類	-0.137	-0.081	0.313	0.043	0.252	-0.051	-0.076	0.147
	野菜	-0.059	0.159	0.106	0.158	-0.310	-0.023	0.032	-0.076
	イモ類	0.098	**-0.357***	0.187	-0.160	0.245	-0.245	0.099	0.109
	豆類	0.004	-0.073	0.059	**0.486***	-0.274	0.080	-0.183	-0.034
	果物	**0.348***	**-0.458****	0.153	-0.375	0.358	**-0.328***	-0.192	-0.046
	スナック	-0.277	0.250	-0.125	0.059	0.039	0.043	0.144	0.100
多様性	主食の多様性	0.052	**-0.398***	0.253	0.093	0.007	-0.158	0.229	0.052
	主食以外の多様性	-0.121	-0.095	0.189	-0.107	**0.409***	-0.132	-0.154	0.182

注：**, *は，相関係数が1%，5%水準で有意であることを示す。有意な相関係数を太字・網掛けで示している。
出所：伊藤（2022）より転載。

93

図表3-19　食品群別摂取頻度・多様性の間の相関係数

| | | 食品群別摂取頻度 | | | | | |
		コメ	小麦製品	トウモロコシ料理	イモ料理	肉類	野菜
食品群別摂取頻度	コメ	1.000					
	小麦製品	0.070	1.000				
	トウモロコシ料理	-0.109	-0.151	1.000			
	イモ料理	**-0.468****	-0.255	0.005	1.000		
	肉類	0.121	0.203	0.008	-0.076	1.000	
	野菜	**0.322***	0.273	0.188	-0.155	0.012	1.000
	イモ類	-0.237	-0.155	0.224	0.212	0.106	-0.108
	豆類	0.242	-0.014	-0.149	-0.014	0.241	-0.168
	果物	-0.302	-0.098	0.008	0.209	0.220	-0.021
	スナック	0.250	-0.306	0.280	-0.141	0.134	0.268
多様性	主食の多様性	**-0.428****	0.093	0.183	**0.694****	0.023	0.041
	主食以外の多様性	0.119	**-0.327***	0.208	0.051	**0.597****	0.007

注：**，*は，相関係数が1%，5%水準で有意であることを示す。有意な相関係数を太字・網掛けで示している。
出所：伊藤（2022）より転載。

たり月間支出・食費，親族数，携帯電話連絡人数，主食以外の多様性との間に正の相関がある。「地元志向」の因子得点は，主食の多様性と正の相関がある。ここで「低価格志向」の因子得点と食品摂取の関係について留意する必要がある。年齢，家族数，コメ購入率は，「低価格志向」の因子得点と，果物の摂取頻度の双方との間に有意な相関関係がある（**図表3-17，図表3-18**）。したがって果物の摂取頻度は必ずしも意識に関する指数（「低価格志向」の因子得点）と関連しているといえず，社会経済的特徴に関する指数と関連している可能性がある。

　続いて，10種類の食品群の摂取頻度や多様性が，互いにどのような関係にあるのかを検討する（**図表3-19**）。コメとイモ料理の摂取頻度の間に負の相関関係が，コメと野菜の摂取頻度の間には正の相関関係がある。主食の多様性は，コメの摂取頻度と負の相関関係にあり，イモ料理の摂取頻度と正の相関関係にある。主食以外の多様性は，小麦製品の摂取頻度との間に負の相関関係が，肉類，イモ類，スナックの摂取頻度との間に正の相関関係がある。以上のように，コメとイモ料理の摂取頻度は代替的な関係に，コメと野菜の摂取頻度は補完的な関係にあると考えられる。そして，主食の中ではイモ料理の頻繁な摂取が，主食以外の中ではイモ類などの頻繁な摂取が，それぞれ

				多様性	
イモ類	豆類	果物	スナック	主食の多様性	主食以外の多様性
1.000					
-0.122	1.000				
0.240	-0.011	1.000			
0.032	-0.169	-0.196	1.000		
0.299	-0.129	0.134	-0.193	1.000	
0.443**	0.100	0.273	**0.426****	0.077	1.000

食の多様性と関連するとみられる。

　ここで，食に対する４つの志向性の高い，典型的な調査対象者の事例を紹介する。それぞれの志向性の高い調査対象者の属性や食品摂取を具体的に把握することにより，食に対する意識がどのように社会経済的特徴や食品摂取行為に表れているのかを明らかにする。

①　「低価格志向」の強い調査対象者の事例（23歳女性）

　夫と３人の子どもと暮らす女性は0.5エーカーの水田で稲作を営んでおり，工事現場や他世帯の水田作業の手伝いも行う。１人当たり月間支出6,525KSh，食費2,259KShは，平均値を下回る。コメ生産量の83％を販売し，自家消費率は12％，贈与率が５％であった。世帯で消費するコメの45％を市場で購入する。近隣の友人数は14人，親族数は２人と多く，時には，親族や友人の家で食事を摂らせてもらう。食品摂取頻度は，コメ６日，小麦製品３日，トウモロコシ料理５日，イモ料理０日，肉類０日，野菜５日，イモ類０日，豆類１日，果物０日，スナック５日，主食・主食以外の多様性が３であった。コメ，小麦製品，スナックの摂取頻度は平均値より高く，その他の品目の摂取頻度と多様性は平均値を下回る。この女性は，コメ，パン，スナックは柔ら

かく甘みがあるので，子どもが好むと話す。また，価格の低い輸入米，キャベツや豆類をよく購入するが，価格の高い肉類，イモ類，果物はあまり購入しないという。

② 「健康志向」の強い調査対象者の事例（68歳女性）

夫と２人暮らしの女性で，１エーカーの水田を利用し稲作を営みつつ，トウモロコシ，豆類，葉野菜，イモ類，果物などを栽培している。生活費はコメ販売，仕送りなどにより得ており，１人当たり月間支出12,750KSh，食費3,550KShは，平均値を上回る。コメ生産量の72％を販売し，自家消費率は19％，贈与率は９％である。コメ購入率は20％であり，世帯で消費するコメの80％を自給している。友人数や親族数は６人，２人と比較的多い。親族や友人とは頻繁に話をしたり共に食事をしたりする。食品摂取頻度は，コメ３日，小麦製品３日，トウモロコシ料理４日，イモ料理２日，肉類１日，野菜４日，イモ類５日，豆類４日，果物２日，スナック０日であり，主食の多様性が４，主食以外の多様性が５であった。小麦製品，イモ料理，イモ類，豆類，果物の摂取頻度や多様性は平均値より高く，コメ，スナックなどの摂取頻度は平均値を下回る。この女性を含む高齢女性の多くは，2000年代より前にはイモ類や食用バナナなどを使う伝統料理をよく食べていたが，最近は，コメや小麦製品，油の消費が増えたために炭水化物や油分が過剰に摂取され，糖尿病，肥満，白内障などが増加していると話す。コメやトウモロコシ，豆類，イモ類，果物などの多くを自給によって獲得しており，食事を他世帯に無償で贈与することも多い。

③ 「共食志向」の強い調査対象者の事例（40歳女性）

夫と２人の子どもと暮らす女性で，１エーカーの水田を利用して稲作を営み，トウモロコシ，豆類を栽培している。夫のバイクタクシー，妻の商店手伝いなどからも所得を得ており，１人当たり月間支出14,600KSh，食費6,000KShは，それぞれ平均値を上回る。コメ生産量の70％を販売し，自家

消費率19％，贈与率10％，コメ購入率は36％である。友人数や親族数は12人，2人と多く，仕事関係者5人とも携帯電話でよく話している。教会のクリスマスなどの行事では，近隣女性が共同で行事食（ピラフなど）を料理する際に率先して周囲に声をかけるなど，地域の活動で中心的役割を担っている。食品摂取頻度は，コメ6日，小麦製品0日，トウモロコシ料理7日，イモ料理1日，肉類2日，野菜6日，イモ類6日，豆類2日，果物1日，スナック3日であり，主食の多様性が3，主食以外の多様性が6である。他世帯ではあまり食べられていない肉類（牛肉）も，この世帯では屠畜場で購入され2日間食べられていた。

④ 「地元志向」の強い調査対象者の事例（74歳女性）

　夫が死亡し，子どもは結婚したため1人暮らしである女性で，日常の食事は1人で食べる。高齢となったので水田を息子に譲り，稲作には従事していないが，イモ類や野菜を畑で栽培している。自分が消費するコメやトウモロコシは，すべて息子から無償で受け取った。年金と，息子から生活費をもらうことで生計を立てている（食費は月額6,000KSh）。友人数や親族数は5人，2人である。近所に住む息子夫婦や孫との交流が盛んであり，彼女が作る伝統料理（*Githeri*，*Irio*，*Gitoero*）などを提供している。食品摂取については，コメ6日，小麦製品3日，トウモロコシ料理5日，イモ料理3日，肉類1日，野菜7日，イモ類5日，豆類3日，果物・スナック0日であり，主食の多様性が4，主食以外の多様性が4であった。

●「食の多様性」と「伝統的食文化」はどのように維持されている？
〜伝統的料理を食べている人ほど多様な食を摂取している〜

　意識の調査から，平均的には，多くの種類の食品の摂取，ケニア産の食品の摂取，低価格の食品の購入などへの志向が高いことが明らかとなった。また，「低価格志向」，「健康志向」，「共食志向」，「地元志向」という4つの共通因子が抽出された。その中でも「地元志向」の因子得点は，普段は食事を

1人でとる孤食の世帯で高い。1人暮らしの高齢世帯が多いためであるとみられるものの，こうした女性の多くは頻繁に近隣の子ども，孫などと共に伝統料理を食べている。自らの民族の伝統食や国産の食品を重視する「地元志向」の強さと，主食の多様性との間に正の相関関係があり，主食の多様性は伝統的なイモ料理の摂取頻度と正の相関関係がある。これらの結果からは，「地元志向」の強さは，イモなどを使う伝統料理の持続的摂取を通じて，主食の多様性と関連している可能性が示唆される。

　他の志向として，「低価格志向」の強さは，同居家族や共食の相手がいること，稲作への非従事，低年齢，家族の多さ，低支出，コメの販売率・購入率の高さと贈与率の低さ，友人・親族数の多さと関連がある。ムエア灌漑事業区の若い世代は，土地細分化のために自給に必要な十分な広さの水田を利用することが難しい（Ito and Tsuruta, 2020など）。経済的制約の大きい世帯ほど食品を自給しておらず，多くの食品を市場で購入していることが，「低価格志向」の強さと関連していると考えられる。「健康志向」は，稲作に従事している世帯で高く，コメの摂取頻度と負の相関関係に，果物の摂取頻度と正の相関関係にある。調査地ではコメなど炭水化物の過剰摂取による肥満，糖尿病，白内障など病気の増加が問題視されており，病院で投薬と食事制限指導を受けている人もいる。「健康的な食事」として糖質を抑え微量栄養素を摂取すること，多様な食品の摂取が推奨されているという情報も，教育やメディアを通じて普及している。「健康志向」の強さは，コメの自給生産をしている農家においても，コメの摂取頻度を減らしたり，果物の摂取頻度を増やしたりする行為を促していることが予測される。「共食志向」の高さは，1人当たり月間支出・食費，親族数，携帯電話で連絡を取る人数のような社会関係を表す指数や，主食以外の多様性と正の相関関係がある。ここからは，裕福で社会関係も豊富であるような世帯において強い共食慣行への志向が，多様な品目の副食の摂取につながっていることがうかがえる。

　対象世帯の食品群別の摂取頻度や多様性を計測した結果，主食の中ではコメやトウモロコシ料理，主食以外では野菜，イモ類，豆類の平均摂取頻度が

第3章　アフリカ・ケニアのコメの生産地域の暮らし

高かった。各食品群の摂取頻度の間の相関係数の計測からは，コメと野菜の摂取頻度との間に補完的関係が，コメとイモ料理の摂取頻度との間には代替的関係があることが分かった（コメを頻繁に食べる世帯ほど野菜も頻繁に食べる傾向があり，コメを頻繁に食べる世帯ほどイモ料理を頻繁には食べない傾向がある）。コメ・コムギのような現地では簡便であるとされる食が普及するほど，イモ料理など伝統的で手間のかかる食品の摂取頻度が減ったり，食の多様性が低下している可能性がある。他方で主食・主食以外の多様性は，イモ料理・イモ類の摂取頻度との間に正の相関関係があった。近年，アフリカ都市部を中心に伝統的主食（雑穀やイモ類）の消費が減り，コメや小麦製品の消費が急増しているものの，対象世帯では，キクユ民族が伝統的に消費してきたイモ料理などが持続的に摂取されている。それらの伝統料理・食材の頻繁な摂取が，食の多様性と関連していると考えられる。

● コミュニティのしくみを生かした開発のための外部者の役割とは？

　ムエアは国家が築いた近代的な水田であり，農民はかつてコメを商品として売っていたが，やがて食料として食べるようになった。今日，コミュニティでは，食料を与えたり，もらったりすることで，豊かな人間関係が築かれている。コミュニティでは，①**食の自給性**，②**貧者に食を与える寛容性**，③**食の平等性**により食料の安定確保や平等な分配が実現されてきた。またコミュニティの女性は健康意識が高く，民族の伝統料理を，家族や隣人と一緒に食べることで④**食の多様性**が確保され，⑤**伝統的食文化の継承**も可能になっていた。ムエアの事例のように，地域の人々が自発的に形成してきたしくみの意味を理解したうえで，農民の福祉向上のために，政府や開発援助機関のような外部者はどのように関わり合うことができるであろうか。

　3.1で示したように，ケニア政府や国際機関は，コメの流通量を増加させるために，国内最大の稲作地域であるムエアの農民による生産・販売量の増加を振興しており，その方法として「市場志向型農業」を普及しようとしている。生産量のうち，より多くの割合のコメを，価格が上がるまで待って売

99

るような市場志向的な販売戦略をとることは，個々の農民の所得の向上に，大きく貢献しうるであろう。ただしそれは，農民が収穫後の時期に，自在に分配できるコメの量を減らすことを意味する。農民が所有するコメを集会などで多くの隣人や友人に分配しながら，「楽しみ」や社会的評価を獲得できるような機会を，制限することになりうる。他者とのつながりの中に生きる農民にとって，外部者が想定するほどには，所得の向上を最優先するようなコメの処分方法をとることは容易ではないと思われる。農民の間の格差の拡大は，かつて，第二世代の不満を噴出させ，暴動という社会的混乱と，事業区全体のコメの生産の激減を招いた。農民が一定程度のコメを「食料」として共同で消費するしくみは，集団的な自給を満たし社会を安定化する役割を果たしているといえるであろう。

　鶴見（1996）は，政策の一環として「内発的発展」を進展させるうえで，特定の地域の住民が，その地域の自然生態系と文化伝統に基づいて作り出す地域発展の仕法を，政府が政策に取り入れるという方向性を示している。このような議論を踏まえ，外部者は，開発に関わるうえでも農民の価値観をより重視すべきであろう。例えば，「１人でいること」や「財産を貯めること」に対する否定的評価が根強い社会においては，一部の人の生産・販売量を極端に高めて，所得を突出して増加させるような開発介入のあり方は，受け入れられにくいであろう。むしろ，食料の自発的な分配などによって農民が形成・維持している社会関係を生かしながら，経済資産を十分に保有しない人びとも含めて社会の成員全体の生存を確保し，生活水準を「底上げ」するような方向性を示すことが，開発プロジェクトなどへの農民の理解や主体的参加を促すと考えられる（杉山，2007など）。

　ただし他方で，農民による食料分配のしくみの限界も，調査からは見えてきた。調査では，生産量が少ないにもかかわらず多くの分配を強いられ，かつ獲得の相手も少ない人たちや，周囲との人間関係が悪化しているために，分配をあまり受けられない人の存在が認められた。収穫前のコメの価格が高騰する時期には，生産量が少ない農民の世帯の多くが食料不足になるが，周

囲に頼ることのできる相手がいない農民にとって，市場で食料を調達することの経済的負担は大きい。このように，農民が置かれている個別の事情を理解することにより，どのような人に対して外部からの支援が必要であるか（もしくは必要でないか）ということがわかってくる。

近年のアフリカでは，貧困者への現金給付政策などにおいて，コミュニティに受給者選択を委ねる「コミュニティ・ベースト・ターゲティング：Community Based Targeting」（CBT）の手法が定着しつつある。マラウイ農村における詳細な調査によれば，住民は「貧困」や「脆弱性」を自ら定義し，個別の世帯が直面する状況（非農業経済活動の内容や予測できない不幸など）を判断基準として自らの定義にふさわしい世帯を受給者として選定している。一方政府は，計測が容易で数値化できる指標（労働力や土地資産の保有水準など）により受給者を定める。そのため，住民が選択した実際の受給者と，政府が定めた受給条件を満たす者の特色は，必ずしも一致しないといわれている。CBTのメリットとして外部者による調査費用などを節約できること，政策実施における住民参加（コミュニティ住民が主導する受給者選定）を推進できる一方，受給者選びの過程にコミュニティ内の権力関係が反映され，権力者による恣意的な受給者選定が行われる可能性が高いというデメリットがあるとされる（五野・高根，2016，Devereux，2016，Miller et al.，2010，Conning and Kevane，2002）。

ムエアにおいても，農民にとっての主観的な社会福祉の水準は，経済的側面よりむしろ，食料分配がなされる集会などにおいて，他人との関わりの機会をどの程度持つかといった社会的な側面と，深く関連すると考えられる。生産量が少なくても普段から集会において多くの人と交流するような農民は，コメを獲得することで，コメを分配する農民に，分けることの「楽しさ」を与えていると考えられる。このような人は，生計の危機に直面した時にも，コミュニティ内部の人から食料をもらい生存を維持するということが期待できる。そのため，外部者が介入して彼らを支援するような必要性は，あまり高くないといえよう。他方，普段から周囲の人との関わりが少なく食料を獲

得しにくいという農民や，生産量が少ないにもかかわらず周囲からの圧力により分配を行っている農民は，コミュニティ内部の社会関係を通じて，安定的に食料を確保できているとはいいがたい。このような人に対しては，外部から，集会などで周囲と関わり合う機会を持つことを促したり，農業技術・経営戦略の改善による生計強化策を伝えたりするなど，支援や働きかけを行う必要性・緊急性が相対的に高いといえる。「消費のコミュニティ」において，農民たちは，互いの社会的・経済的状況をよく把握している。したがって，CBTのような，コミュニティの住民が主体になる方法により，どのような農民が，貧しくても食料をもらえなかったり，多くのコメを他の人に与える圧力にさらされているのかなどを特定したうえで，社会福祉水準が相対的に低いとみなされている農民を特定し，外部から支援することで，コミュニティ内の食料分配のしくみの不十分な点を補完することが可能となるであろう（伊藤，2017a）。

近年，世界各地で食の欧米化が進み，栄養に関する問題が増加している中で，ケニアのコミュニティでは，伝統的な食文化・伝統料理に対して，「自分や家族の健康を維持するために役立つ」，「自家生産や，地元での購入により食材を調達するので余計な加工をしなくてもよく入手しやすい」，「母親・祖母から調理方法を教えられ，自分も娘に伝えたいと思う」，「地域社会の歴史・自分のルーツ・民族・アイデンティティと関わる」というように認識されている。今後の食料消費の改善や安定的なフード・サプライ・チェーンの開発の取組において，外部者も現地の食文化や伝統料理の価値を理解して，活用していくことが必要であると考えられる（伊藤，2022）。

第3章のまとめ

第3章の最後にポイントを整理し，「問い」への「答え」の例を示す。

3.1　ケニアではどのようにコメが作られ，食べられている？

ケニア最大のコメの生産地域であるムエアでは，近代的水田設備が作られ，

第3章　アフリカ・ケニアのコメの生産地域の暮らし

キクユ民族の農家がコメを生産して都市向けに販売してきた。近年，農家は，コメを自分の家族で食べたり，コミュニティの人々と共有したりしている。高齢の豊かな農家が若い貧しい農家にコメなどの食料を与えることは，「当たり前のこと」であるとみなされている。

3.2　食を通じた人々のつながりは何を生むのか？

　農家は自分で作ったコメを消費する（自給する）ことで安定的に食料を確保しようとしている。コメを貧しい人に与え，食料の平等な分配が可能になり，貧しい人もムエアで生き延びることができる。ともに食事をとることで人々は社交を楽しみ，それを生きがいとしている人もいる。このように，**図表1-5**で示したアフリカのコミュニティの特徴のうち，**①食の自給性**，**②貧者に食を与える寛容性**，**③食の平等性**により，ケニアのコミュニティの人間関係が維持・再生産されてきた。

3.3　コミュニティの伝統的な食はどのように継承されてきたのか？

　ケニアでは食の欧米化が進んでいるが，コミュニティの女性は健康意識が高く，イモやトウモロコシなども使った民族の伝統料理を，家族や隣人と一緒に食べている。こうして**図表1-5**で示したアフリカのコミュニティの特徴である**④食の多様性の維持**，**⑤伝統的食文化の継承**も可能になっていた。食を通じて人々がつながるムエアでは，民族のアイデンティティ，コミュニティの一体感が保たれてきた。

　日本人や国際協力機関の職員などの外部者が，現地のコメの生産の増加や開発を考えるときには，コミュニティの食料の分かち合いのしくみの中でも支援から取り残されているような人に食料を与えたり，農業生産技術を支援したり現地の食文化や伝統料理の維持・継承を支えながら，アフリカのコミュニティを補完していくことが重要である。

103

第4章
東南アジア・インドネシアのコメの生産地域の暮らし

第4章のポイント
- インドネシアでは,「緑の革命」と呼ばれる農業技術革新が起き,コメの生産量が増えたが,化学肥料などの投入財の使い過ぎによる環境問題が深刻化した。そこで農家,政府,企業などが協力しながら,投入財をあまり使用せずにコメを生産する農法である「有機SRI」農法（有機農業）が普及した。
- 有機農業が広まってきた地域では,かつては農家が消費したりコミュニティの人々が食べてきたコメが,外国企業向けに販売（輸出）されるようになった。一部の農家は高所得を得られるようになったが,有機農法を取り入れなかった人や土地を持たない人にコメが分け与えられず経済格差が広がった。かつて「食料」として消費されていたコメは「商品」として販売されるようになり,伝統的な食の分かち合い（雇用やコメの分配）の機会が失われ,コミュニティにおける食の自給性や平等性が喪失されてきた。

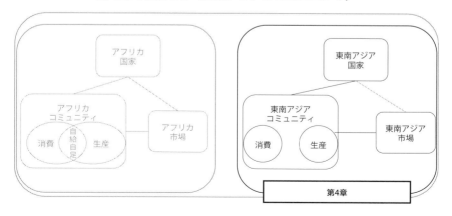

第4章の位置づけ（東南アジアのコミュニティ）

4.1　インドネシアではどのようにコメが作られ，売られている？

● インドネシアでは，「緑の革命」と呼ばれる農業技術革新が起き，コメの生産量が増えたが，化学肥料などの投入財の使い過ぎによる環境問題が深刻化した。そこで農家，政府，企業などが協力しながら，投入財をあまり使用せずにコメを生産する農法である「有機SRI」農法（有機農業）が普及した。

　第4章では，アフリカ（ケニア）のコミュニティの特徴と比較するために，東南アジア（インドネシア）のコミュニティの事例をとりあげる（伊藤，2018aなど）。

　第2章で述べたように，東南アジアではコメの高収量品種・化学肥料・農薬を大量に使用する農法（以下では，「有機農法」との比較のため投入財を大量に使用する農法を「慣行農法」と呼ぶ）の普及によるコメの生産量の増加という「緑の革命」（農業技術革新）が成功してきた。インドネシアでも，1960年代末からの「食料生産集約化計画」の下，コメの生産量は増え，輸入は減少してきた（**図表4-1**）。

　「緑の革命」は，稲作を中心としている農村に住む人々の所得の増加，貧困削減，国の経済発展にも大きく貢献した（北原，2000）。ただし，慣行農法の普及による従来のコメの増産は，限界を迎えつつある。例えば，生態系や土壌など環境への影響である。ジャワにおける化学肥料の消費量は，緑の革命が本格化した1970年代から急増した。1980年代末からは，化学肥料の過剰投入による土壌の劣化や稲の倒伏が観察されている（加納，1988，2004，ADB，2009）。化学肥料価格を低水準に抑えるための補助金の財政支出も拡大した。1998年のスハルト政権下で一旦廃止され，ユドヨノ政権期の2003年に復活した肥料補助金への財政支出は，2014年には21兆ルピア（Rp）[1]へと増加し，農業保護関連予算の51％を占めるようになった。さらに，稲作農家にとって化学肥料など投入財への支出額は生産費を増加させ，経営の負担

第4章　東南アジア・インドネシアのコメの生産地域の暮らし

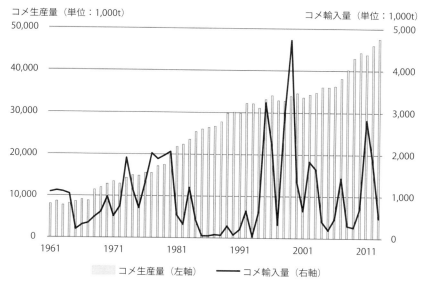

図表4-1　インドネシアのコメの生産量と輸入量

出所：FAOSTATより筆者作成。

となっている。また一方で、ジャワの都市部を中心に、過剰な化学肥料や農薬を投与して生産された食品が健康被害をもたらすことを懸念する消費者の間では、安全で高付加価値な食品への需要が増加している（Sugino and Mayrowani, 2010）。

このような慣行農法の問題点が浮き彫りになる中で、「ポスト緑の革命期」においては、インドネシア政府は、環境や財政（肥料補助金）への負担を軽減する低投入農法や有機農業の普及を通じた、持続的なコメの増産を志向するようになっている。政府は、慣行農法に代わる低投入農法・有機農業の普及に強い関心を示してきた（杉野・小林, 2015：63）。

● インドネシアで有機農業への関心は高まり、有機SRI農法が広まった

2001年に開始された「Go Organic 2010」と呼ばれる有機農業振興の10カ

年計画において政府は，2010年までに，環境への負荷，農家経営負担の少ない農法を慣行農法に代替させていくことを政策目標としている（Siti Jahroh, 2010）。主な取組として，有機農産物の生産基準の設置，有機生産者組合（Indonesia Organic Alliance：IOA）の形成，認証基準の設定が行われた（Ariesusanty, 2011, 米倉, 2016）。こうしてインドネシアにおいて認証を取得した有機農産物の生産面積は，2005年の1万7,800haから2015年には13万400haに増加した（FAOSTAT）。ただし，有機農産物生産地のうちコーヒー，カカオなどの輸出向けエステート作物生産地の割合が61％と大半を占める一方，コメを含む穀物のそれは1.0％にとどまっていた。

　コメの生産過程で投入財（種子，化学肥料，農薬など）の利用量を抑制しながらも収量を増加させる効果があるとされるのが，有機SRI（System of Rice Intensification）と呼ばれる農法である。有機SRIとは，乳苗の利用，1〜2本の苗の浅植え，疎植正条植，間断灌漑，中耕除草による土壌への酸素供給，堆肥（有機肥料）施用の6点を原則とする，稲の根の分げつや茎の成長を促す技術である（Uphoff, 2009）。この技術を導入した農家は，圃場の条件に合った適切な技術を組み合わせることにより収量の増加を図る（横山・ザカリア, 2009）。1997年にアメリカの大学教授によってインドネシアに紹介された後，各地で有機SRIが導入され，種子・化学肥料・農薬の利用の減少による生産費の削減や，堆肥の利用・土壌の回復，コメの品質の向上，収量の増加，農家の所得向上をもたらした（佐藤, 2006, 2011, Sukristiyonubowo et al., 2011）。2010年には農業省も「2015年までにインドネシア全土でSRIを導入する」と発表した（佐藤, 2011）。このように有機SRIは，インドネシアの稲作部門の有機農業・低投入農法普及政策の中心的な技術である。

　インドネシアにおける有機SRIの普及は，環境問題に関心を持っていた数名の農家が主体となって形成した農民組合が，国際機関，NGO，企業などと連携をとりながらボトムアップの方式で進められてきた（横山・ザカリア, 2009, 横山, 2011）。やがて，州・県政府も有機SRIの普及を支援するよう

第4章　東南アジア・インドネシアのコメの生産地域の暮らし

図表4-2　インドネシア・タシクマラヤ県の位置

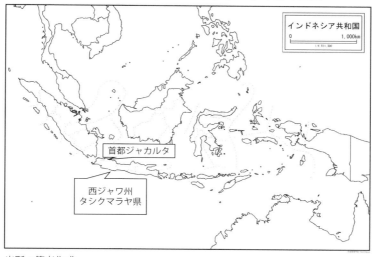

出所：筆者作成。
（地図）https://www.freemap.jp/itemDownload/asia/indonesia/2.png

になっていった。

　筆者は，首都ジャカルタから約200km離れている，西ジャワ州（West Jawa Province）タシクマラヤ県（Tasikmalaya District）において，国内で初めて国際有機認証を取得してフェア・トレードとしてコメの輸出を開始した農民組合の活動拠点の村で調査を行ってきた（**図表4-2**）。インドネシア有数の稲作地帯である西ジャワ州では，低地における大規模・商業的な稲作と山地における小規模・自給向けの稲作が同時に展開されてきたため，緑の革命後も州内におけるコメの商品化の程度に大きな地域差があった（水野，1988）。1980年代でもコメを販売している農家の割合は17％に留まっていたことから，自給向けの稲作が長く維持されてきたと考えられる（BPS，1986）。年間降水量は約2,600mm，季節は乾季（50mm以下/月），雨期（250mm以上/月），少雨期（150mm/月）に分かれ，2期作〜3期作が可能である。2000年代には，有機農業を推進する方針を示した西ジャワ州政府の

109

後押しの下，水利条件の良い圃場で選択的・集約的に有機農法が採用されるようになった。タシクマラヤ県における近年の有機SRIの導入と商業的農業の拡大は，農村社会に大きな影響を与えたと考えられる。そのため，有機SRIの普及の社会経済的影響を考察するための調査地として選定した。また，調査地の農民組合は国内で初めて国際認証の取得・コメの輸出システムを確立・実践した。したがって調査農民の経営のあり方は，インドネシアにおける低投入農法・有機農法を採り入れた商業的稲作の展開において最も先進的なモデルケースとして位置づけられる。

タシクマラヤ県では，農民組合，国際機関，外国企業などのパートナーシップの下で，有機SRIの技術が普及してきた（Yadi Heryadi and Trisna Insan Noor, 2016）。タシクマラヤ県における有機SRIの普及過程は，1992年〜2000年の準備段階，2000年〜2005年の導入期，2006年以降の定着期，に分けられる。有機SRI普及の過程では，農家グループによるNGOや農民組合の形成，州・県政府の政策的支援，海外や都市の企業による農家への農法指導・認証取得に関する支援など，組織間のパートナーシップが重要な役割を果たした（横山，2011）。

準備段階の1992年，タシクマラヤ県におけるFAOプロジェクトの一環として導入された総合的病害虫管理を学んだ農家が，有機農業に関心を持ちアグロエコロジカル・アプローチという環境にやさしい農業の研究を始めた。肥料・農薬多投型の農業によって圃場生態系が危機に瀕しているとの認識を持つようになった農家はグループを作り，堆肥や生物由来資材を利用して土壌を改良することで増産を図る方法に関する独自の研修教材を作成して農民学校を開き，有機農業を広めるようになった。

導入期の2000年，農家グループはアグロエコロジカル・アプローチの研修メニューに有機SRIを採り入れた。2003年には県内の全39郡の代表農家に，3日間の有機SRI研修が実施された。以前から農民学校の研修を受けていた多くの農家が，有機SRIの情報を広めていった。

2006年，日本の企業の資金援助やインドネシア農業省の協力を得て，農家

第4章　東南アジア・インドネシアのコメの生産地域の暮らし

グループは，有機SRIの研修・普及を主な目的とするNGOを発足させた。県
政府は，2006 ～ 07年，堆肥製造のためのチョッパー，ミキサー，堆肥舎，
家畜（牛，山羊）などの購入のための補助金を提供した。政府の補助で建設
された真空パック機材を据える精米工場では，近隣に住む農家の妻や非農家
などが雇用されるようになった。2008年，州政府の「健康・教育・貧困削減
政策」の一環として県政府が打ち出した「有機稲作振興政策」において，有
機SRIは推奨技術として採用された。同じ年，農家メンバーが代表となる
「シンパティック農民組合連合，以下では「農民組合」と呼ぶ）が設立され
た。アメリカのフェア・トレード企業は，有機SRI農法を使用したコメの有
機認証取得を指導・支援すると同時に，コメの品種を商標登録した。2009年，
農民組合の農家が国内で初めて有機農産物の資格付与団体から有機認証，
フェア・トレードの認証を取得した。ジャカルタの業者を通じてアメリカの
企業への輸出が開始され，EU，マレーシア，シンガポール，香港への輸出
も始まった。さらに2013年には中部ジャワ州で，アメリカ企業とジャカルタ
業者が，同様に農民組合の農家を支援し国際認証取得，工場での包装，ジャ
カルタ業者による買取，ベルギー，ドイツなどへのフェア・トレード輸出を
開始した。国内の都市へのコメの流通も開始された（SIMPATIK，ウェブ
サイト）。

　2011年に農家の費用負担により建設された宿泊施設や実験圃場を備える研
修センターは，全国・海外からも研修希望者を受け入れている。訓練を受け
た農民の中から選ばれた研修指導員は，出身村で他の農家へ指導するように
なった。研修センターは政府機関ではなく，有機SRIの普及に取り組むNGO
のメンバーにより運営されていた（佐藤，2011）。

4.2　コメの輸出の増加はコミュニティにどのように影響したのか？

● 有機農業が広まってきた地域では，かつては農家が消費したりコミュニティ
　の人々が食べてきたコメが，外国企業向けに販売（輸出）されるようになっ

た。一部の農家は高所得を得られるようになったが，有機農法を取り入れなかった人や土地を持たない人にコメが分け与えられず経済格差が広がった。かつて「食料」として消費されていたコメは「商品」として販売されるようになり，伝統的な食の分かち合い（雇用やコメの分配）の機会が失われ，コミュニティにおける食の自給性や平等性が喪失されてきた。

「緑の革命」が成功したものの環境問題などが深刻化し，環境への負荷が小さいコメの生産が求められるようになっている東南アジアの状況を踏まえ，以下では，インドネシアにおける有機SRIの普及事例に注目する。インドネシアの有機SRIは，外国企業との契約生産の下で広まってきた「商業的有機農業」の例であるとみなせる。それは農家にどのように経済的なメリットをもたらしたのであろうか。また，ケニアの稲作農村のコミュニティと比べて，インドネシアのコミュニティではどのようにコメの生産や利用が行われており，人間関係や社会秩序はどのように保たれて（あるいは失われて）きたのであろうか。

● **輸出向けのコメを作る農家の経営や社会関係の特徴は？**

ここでは，タシクマラヤ県における2012年からの調査結果をもとに，主に輸出向けのコメを作る商業的有機農業の普及が，どのようにコミュニティに影響したのかを考える。調査対象の村は，タシクマラヤ県の中でフェア・トレード輸出用のコメの精米・包装工場が建設され，地域のコメのブランド化の拠点となっている（横山，2011，伊藤，2018a，2020）。村の中でも，隣県においてインドネシアで初めて有機SRIを導入した農家と友人関係にある農家が，初期に有機SRIを導入した地区に居住する農家（36世帯，以下「調査農家」と呼ぶ）を聞き取り調査の対象とした。そのため調査農家は互いに顔見知りである。ここで，調査農家の中で，「調査時点で過去1年間に有機SRIを実践したと農家自らが認識している世帯」を「有機農家」と定義する（横山・ザカリア，2009）。多くの有機農家は二期作を行い，農作業を行わな

112

第4章　東南アジア・インドネシアのコメの生産地域の暮らし

い時期には堆肥作りや農法の学習（研修への参加）などを行っている。一方，調査時点で有機SRIを実践したことがない，又は一度は導入したがやめたという（調査時点の過去1年間に有機SRI圃場を経営しなかった）農家を「慣行農家」と定義する。慣行農家は，先に述べたように，化学肥料，農薬などの大量の投入財を使用する農法である慣行農法を維持している。多くの慣行農家は3期作または2年5期作を行う。調査対象地域には，徒歩5分以内で移動できるほどの敷地に家が密集している。近隣に居住する調査対象の36農家のうち，18農家が有機農家に，18農家が慣行農家に分類できた。

　調査では36農家の世帯主（すべて男性）のリストを作成した上で，すべての農家に対して他の農家（35人）との関係について質問をした。有機農家と慣行農家の調査結果を用いながら，①農家の経営収支，②農家の社会関係を比較することで，有機農業の普及の社会経済的影響を明らかにする。具体的には，第3章でも用いた，「社会ネットワーク分析」などの方法を用いて，インドネシアの調査地における有機SRIの普及過程をとらえる。社会的紐帯・主体の間の関係は，具体的にはグラフによって図示・可視化される（de Nooy et al., 2005）。ネットワークの全体構造を俯瞰した上で全体に占める各主体の相対的地位を測定できることが，社会ネットワーク分析の利点である（安田，2001）。

　社会ネットワーク分析に先立ち，国の中で比較的有機SRIの普及が進んでいる地域でも，有機SRI農法の利用が一部にとどまり，慣行農家が一定程度存在することの理由を確認する。「有機SRIを導入しない，もしくは導入したがやめた理由」は大きく2つに分けられる（**図表4-3**）。1つ目は世帯の属性に関連する（費用・時間の制約，能力・労働力の制約，機械・設備の制約など合わせて22件）。2つ目は労働者・地主・近隣農家との社会関係に関連する（14件）。田植え（間隔や植える本数などの工夫）・堆肥づくりなど，農作業を請け負う労働者に伝えるのが難しいという回答（8件），収穫労働者に報酬としてコメを与えるためという回答（1件，本調査地では有機SRIを用いて生産したコメは農民組合に買い取られる）があった。地主の意向に

113

図表4-3　慣行農家が有機SRIを導入しない・やめた理由（複数回答）

SRI を導入しない・やめた理由の分類			件数
「関係」に関連する事項	労働者との関係	田植え・堆肥づくりを労働者に教えるのが大変	8
		慣行農法の方が労働者に米を与えられるから	1
	地主との関係	地主の意向	3
	近隣農家との関係	無農薬で病気が発生すると周囲に迷惑をかける	2
「属性」に関連する事項	費用・時間の制約	堆肥を作る費用が高い、家畜がいない、堆肥運搬が大変	5
		時間がかかる、手間がかかる	8
	能力・労働力の制約	高齢なので新しい農法がわからない、能力がない	5
		男性労働力の不足	1
	機械・設備の制約	パソコンや農具（耕耘機など）がない	2
	一度試してみたが収量が上がらなかった		1
回答総数			36

注：慣行農家18世帯から，有機SRIを導入しない・やめた理由を聞き取り，筆者が整理した。
出所：伊藤（2018a）より転載。

より導入をためらっているという意見もあった（3件）。小作と分益小作制を結んでいる地主は，農法転換後に収穫が一時的に減り，地代収入が減少するというリスクを避けるために，小作の技術導入に反対するということが考えられる。農薬を使用しないことによる病害虫の被害が近隣農家へ及ぶことを懸念するという声もあった（1件）。

　これらを踏まえ，先に述べた有機農家と慣行の農家の比較のポイントである①農家の経営収支，②農家の社会関係に注目しながら，有機農業の普及の社会経済的影響を明らかにする。

①　農家の経営収支

　有機農家は慣行農家に比べて，世帯主の年齢が低く教育水準が高い傾向にある（**図表4-4**）。有機農家の経営耕地面積（0.67ha），そのうち自作地の面積（0.43ha），経営耕地面積のうち自作農の比率（64％），年間生産量（8t），販売率（47％），販売価格（5,064Rp/kg）は，慣行農家のそれら（順に，0.39ha，0.03ha，7％，2.4t，19％，4,358Rp/kg）を上回る。他方有機農家の借入地の面積（0.24ha）は慣行農家のそれ（0.36ha）よりも小さい。収穫

第4章　東南アジア・インドネシアのコメの生産地域の暮らし

図表 4-4　有機農家と慣行農家の基本的属性

	有機農家（N=18）	慣行農家（N=18）
世帯主年齢（歳）	50	58
世帯主教育年数（年）	12	7
経営耕地地面積（ha）	0.67	0.39
うち自作地（ha）	0.43	0.03
うち借入地（ha）	0.24	0.36
自作地が経営面積に占める割合（%）	64	7
借地農数（世帯）	9	16
うち同 RT 内からの借地農数（世帯）	1	7
年間籾米生産量（t）	8	2.4
収穫回数（回/年）	2	2.5
販売率（%）	47	19
販売価格（Rp/kg）	5,064	4,358

注：（1）有機農家の販売率（販売価格）は，生産量のうち，農民組合と地元の市場
への販売量の合計が占める割合（全販売量の価格の平均値）。
出所：伊藤（2018a）より転載。

したコメのうち有機農家はその53％を，慣行農家はその81％を，自家消費や
地代支払い，雇用労働者への報酬の支払いなどのために利用する。

　土地の所有や貸借に関して，有機農家においては経営耕地面積のうち自作
地の割合が高く，逆に慣行農家においては借入地の割合が高い。その意味で
慣行農家の方が（農法の選択を含めた）地主の意向を経営に反映させやすい。
有機農家のうち水田を借りていない自作農は9世帯であり，残りの9世帯は
水田（すべてまたは一部）を賃借している。3世帯の有機農家が他の農家に
水田の一部を賃貸している。慣行農家のうち土地を借りていない自作農は2
世帯のみである。残りの16世帯は，水田（すべてまたは一部）を賃借してい
る。水田を貸しているという慣行農家はいない。1世帯の有機農家が他の調
査農家（近所に住む父，有機農家）から水田を借りている。その他の調査農
家の賃借相手はすべて調査農家以外（村内外の農家及び非農家）である。こ
のように，調査農家の集団の内部では土地の貸借があまりなされていない。
借地農のうち，慣行農家16世帯と有機農家7世帯が，地代として地主に収穫
米の半分を支払う制度を実践している。

115

多くの有機農家は農民組合で毎年種子を購入する。国際認証を取得するに
はIR種に比べて味の良い在来品種（「赤米」や「黒米」と呼ばれる）やシン
タヌの正式な種子を，農民組合を通じて毎年購入することが農家に義務づけ
られている。そのため有機SRI導入後に，栽培する品種をIR種からシンタヌ
に切り替えた農家も多い。農家による農民組合へのコメ販売価格はシンタヌ
（すべての有機農家が生産）7,000Rp/kg，赤米や黒米（生産農家は調査対象
の中で1人）1万〜1万2,000Rp/kg程度である（籾米）。組合への販売価格
は，商人を通じて地元市場でコメを売る相場である4,000〜5,500Rp/kgに比
べて高い。また「チヘラン」という高収量品種を生産している有機農家7世
帯は，その品種を自家消費用に生産している。コメの買取基準を定めている
契約書には，化学肥料・農薬使用の禁止，施肥（堆肥利用）の基準，生産物
の品質基準（水分など）などが定められている。これらの基準を満たしてい
るかどうかを，毎年国際認証機関の指導を受けた組合の検査員が調査する。
　他方，慣行農家の多くは，地元の市場や協同組合を通じて高収量品種（チ
ヘランやIR）の種子を入手し2〜3期作を行う。種子を毎年買わず，自家
採種や種子交換を行う農家も多い。多くの慣行農家は商人や地元市場，協同
組合などへ，収穫後の時期やその後現金が必要になったときに個別にコメを
販売している。
　続いて**図表4-5**により有機農家と慣行農家の稲作経営収支（1ha当たり）
を比較する。有機農家の平均的な経営耕地面積，単収，粗収益，堆肥費，自
作地地代，雇用労働費，生産費総額，稲作所得は，慣行農家のそれらの値を
上回っている。特に有機農家の圃場の単収が慣行農家のそれを大きく上回っ
ているのは，有機農家の多くが国際認証取得のために農民組合から技術的指
導を受けながら，有機SRIの原則を忠実に実践していることに加え，優良種
子の選定，水田の毎日の観察による早期の病気予防，堆肥の改良など自発的
に生産量を高める活動に熱心であるためである。慣行農家の賃借料，種子費，
化学肥料・農薬費，支払い地代，家族労働費は，有機農家のそれらの値を上
回る。有機農家の物財費（129万Rp/ha）・地代（1,099万Rp/ha）や物財費・

116

第 4 章　東南アジア・インドネシアのコメの生産地域の暮らし

図表 4-5　有機農家と慣行農家の稲作経営収支

	有機農家（N=18)			慣行農家（N=18)		
	平均値	生産費に占める割合	標準偏差	平均値	生産費に占める割合	標準偏差
経営耕地面積(ha)	0.67	—	0.43	0.39	—	0.20
単収（年間, t/ha)	11.80	—	6.07	6.10	—	4.51
粗収益	37,237	—	31745.57	20,144	—	14967.88
賃借料	1,071	5%	0.99	1,120	6%	1.21
種子費	108	1%	235.91	140	1%	298.36
化学肥料・農薬費	0	0%	0.00	1,648	8%	913.49
堆肥費	117	1%	3015.70	67	0%	321.28
物財費小計	1,295	6%	3067.91	2,976	15%	846.04
支払い地代	7,049	34%	9477.70	11,296	56%	6837.69
自作地地代	3,943	19%	3425.33	275	1%	1210.25
地代小計	10,992	52%	7743.06	11,571	58%	6451.81
家族労働費	1,487	7%	4497.60	4,016	20%	5044.52
雇用労働費	7,194	34%	11049.92	1,499	7%	1277.81
労働費小計	8,681	41%	10953.37	5,515	27%	5347.22
生産費総額	20,968	100%	10448.36	20,062	100%	5638.08
稲作所得	21,700	—	30286.82	4,373	—	15124.16

注：（1）単収は，年間の1haあたりの生産量を示している。有機農家は年に平均2回，慣行農家は年に平均2.5回収穫を行うため，1期あたりの単収はそれぞれ5.9t/ha, 2.4t/haである。（2）収支の計算方法は農林水産省（2017）の「農業経営統計調査」・「コメの生産費」調査項目を参照。（3）粗収益以下の項目（平均値）の単位は1,000Rp/ha。（4）生産費総額＝物財費＋労働費＋地代。（5）稲作所得＝粗収益−{生産費総額−（家族労働費＋自作地地代）}。（6）地代支払い，雇用労働費について，現物（コメ）が用いられる場合，平均販売価格（4,500Rp/kg）で換算した。（7）賃借料はトラクターの賃借料。（8）標準偏差の大きい項目について，有機農家と慣行農家の差が統計的に有意かを確かめるために有意水準5%で片側検定の t 検定を行った結果，粗収益，稲作所得については平均値の差が有意であることが分かった（t= 0.001, p< .05, t=0.04, p< .05, t =0.016, p< .05）。生産費総額については5%水準で有意差は認められなかった（t= 0.236,p >.05）。
出所：伊藤（2018a）より転載。

地代が生産費総額に占める割合（順に 6 ％，52％）は，慣行農家のそれら（順に297万Rp/ha，1,157万Rp/ha，15％，58％）よりも低い水準にある。他方有機農家の労働費（868万Rp/ha）や労働費が生産費に占める割合（41％）は，慣行農家のそれら（順に551万Rp/ha，27％）よりも高い水準にある。ここに，有機SRIが投入財節約的・労働集約的技術であるという特色が現れている。

　また，有機農家の経営耕地面積，単収，粗収益，堆肥費，物財費，支払い地代，自作地地代，地代，雇用労働費，労働費，生産費総額，稲作所得の標準偏差は，慣行農家のそれらを上回る。慣行農家の種子費，化学肥料・農薬費，家族労働費の標準偏差のみが有機農家のそれらよりも高い（有機農家の

117

これらの種類の費用は一律に低い）。このように有機農家集団内部では全体として，慣行農家の集団内部に比べ単収，粗収益，費用，所得のばらつきが大きい。それは，技術導入直後の有機農家の多くが，必ずしも最適な水管理，堆肥の施用による十分な量の収穫や認証基準を満たす高品質なコメの生産（高価での販売）を行えないために，経験の浅い有機農家と熟練した有機農家の間で収益の差が大きいためである。

　以上のように，有機農家の経営収支を慣行農家のそれと比べるとばらつきが大きいものの，単位面積当たりの粗収益が高く化学肥料や農薬などの投入財にかかる費用は抑えられている。そのため，有機農家の経営の収益は平均的には慣行農家のそれよりも高い。

②　農家の社会関係

　次に，有機農家をとりまく社会ネットワークの特徴を慣行農家のそれと比較する。具体的には有機SRIがどのように農家間で教えられ普及したのか表す「普及のネットワーク」，調査農家（有機農家と慣行農家の両方を含む）がどのように普段から農業に関する情報を共有しているのかというコミュニケーションのあり方を表す「情報共有のネットワーク」，社会制度としての農業労働雇用契約が，調査農家と村内の農家・非農家の間でどのように結ばれているのかを表す「雇用のネットワーク」という３つの社会ネットワークを取り上げる。

　そして，調査対象の36農家（点で表される）が構成する関係のパターン（点を結ぶ線や矢印で表される）を描き，解釈する。また，それぞれのネットワークにおける各農家の中心性（次数中心性）を測定することにより，ネットワークにおける各主体の社会的地位を，定量的に把握する。なお次数とは，点をとりまく線（または矢印）の数であり，社会関係の豊富さを表す指標である。中心性は，それぞれの点が接している線（または矢印）の数で表され，ネットワークの全体の中でどの程度中心的であるかを数値で表す，一般的な社会的地位の指標である[2]。

118

第4章　東南アジア・インドネシアのコメの生産地域の暮らし

図表 4-6　有機 SRI の普及のネットワーク

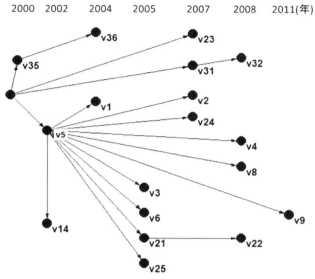

注：(1) 点の横にある番号は，世帯番号（v1 〜 v36）を表す。●が有機農家。(2) v の後の番号は世帯番号。(3) 矢印は，技術を指導した主体から，指導を受けた主体に向けて引かれている（方向のある有向ネットワークとして描いている）。(4) 縦列に並ぶ農家は，同じ年に技術を導入した農家（上の数字が導入年を表す。左側の世帯程早く，右側の世帯程遅く導入した）。(5) 世帯番号のない点は，調査農家以外の，隣県において初めて有機 SRI を導入した農家。
出所：伊藤（2018a）より転載。

　図表4-6は，有機SRIがどのように農家同士の社会関係を通じて普及していったのか表す。左の方にある農家が早い時期に有機SRIを導入した一方，右の方にある農家は遅れて導入した。2000年，国で初めて有機SRIを導入した農家の友人であるv35が，調査農家の中で最も早く有機SRIを導入した。2002年には，同じ農家の友人であるv5が有機SRIを導入し，同じ年にv14に技術を指導した。有機SRIは2004年から2011年までの間に，調査対象の農家の50％にあたる18農家に普及した。

　有機SRIは，導入した農家が圃場の条件に合った適切な技術を組み合わせることにより収量の増加を図る，現場試行型技術である（横山・ザカリア，

119

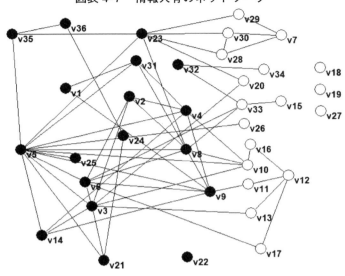

図表 4-7　情報共有のネットワーク

注：(1) ●が有機農家, ○が慣行農家。(2) vの後の番号は世帯番号。(3) 線は，調査対象農家の中から，普段から農業一般に関する助言を受けたり情報を聞いたりする相手を無制限に選択した結果を用い，日常的な助言，情報共有の関係を持つ世帯間を結ぶ（方向のない無向ネットワークとして描いている）。
出所：伊藤（2018a）より転載。

2009）。複雑な技術の普及では，それに詳しい隣人が状況に応じてアドバイスするなどの指導が必要になる。この事例でも，近隣に住む農家が一緒に作業をしながら社会ネットワークを通じて，周りの農家に技術を広めていったと考えられる。

図表4-7は，有機SRIの情報に限らず農業全般に関する日常的な助言や情報共有がどのような農家の間で行われているのかを示している。図に描かれた60本の線のうち，27本が有機農家同士を，26本が有機農家と慣行農家を，7本が慣行農家の間を結んでいる。ここから，対象の農家の間ではさまざまな情報が共有されていることがわかる。また，有機農家同士や有機農家と慣行農家を結ぶ線が多い一方，慣行農家を結ぶ線はあまり多くないことから，有機農家の方が慣行農家よりも情報共有の機会を多くことが推測できる。

第4章　東南アジア・インドネシアのコメの生産地域の暮らし

図表4-8　雇用のネットワーク

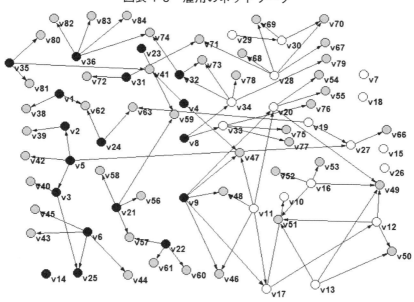

注：(1) ●が有機農家，○が慣行農家，◎が調査農家以外の村内の農家・非農家。(2) ｖの後の番号は世帯番号。(3) 矢印は，調査前年に田植え，除草，収穫の作業で雇用した相手世帯（同じ村に住む世帯のみ）を無制限に選択した結果を用い，雇用者から被雇用者へ向けて引かれている（方向のある有向ネットワークとして描いている）。
出所：伊藤（2018a）より転載。

図表4-8は，調査農家が同じ村に居住している世帯（農家・非農家を含む）との間で，どのように農業労働雇用契約を結んでいるのかという雇用のネットワークを示す。調査農家と，村内の農家・非農家との間に結ばれた雇用契約数（矢印の数）は77本である。その内訳は，慣行農家と非農家の間が33本，有機農家と非農家の間28本，慣行農家の間8本，有機農家の間・有機農家と慣行農家の間がそれぞれ4本である。このように慣行農家と非農家の間のつながりが多い。つまりこの図では，有機農家よりも，慣行農家の方が，近隣に住む多くの人を雇い，コメを分配していることを表す。

インドネシアの農村では人口が多く，どの世帯も農地を持っているわけで

図表 4-9　有機農家・慣行農家の中心性指標の平均値

ネットワークの種類	有機農家の中心性の平均値（N=18）	慣行農家の中心性の平均値（N=18）
普及のネットワーク	1.78	―
情報共有のネットワーク	4.72	2.06
雇用のネットワーク	2.56	2.67

出所：伊藤（2018a）の一部を転載。

はなく，貧しい零細農家（小さな土地しか持たない農家）や土地なし層が多く居住する。対象の村においては，慣行農家は制限刈り取り制度（地元の言葉で*cebelokan*）の下で，限られた相手（通常は近所に住む零細農家や土地なし層）との間で長期的な雇用労働契約を結び，農作業の手伝いへの報酬として，収穫したコメの一部を与えている。労働者を雇用する農家は，コメを分かち合う文化・伝統を維持しながら労働者の人数を制限することにより収穫労働者の取り分を調整している[3]。他方で有機農家は基本的に外国企業との契約生産の下で農業を実施しているので，収穫されたコメは企業へ販売するために，村の工場で包装されるため，労働者に渡すことはない。労働者への報酬は，現金で支払われる。

　次に，有機農家と慣行農家の農家が，普及のネットワーク，情報共有のネットワーク，雇用のネットワークのそれぞれにおいてどの程度中心的な地位にあるのかを数値で示したのが**図表4-9**である（有機農家と慣行農家の3つのネットワークにおける中心性の平均値。中心性に関する詳細は第4章の最後の注（2）を参照）。

　普及のネットワークにおいて，有機農家の中心性の平均値は1.78である。この値は入次数（入次数とは，その点が他の点から向けられている矢印の数。ここでは指導を受けた相手数で1）と出次数（出次数とは，その点から他の点から向けられている矢印の数。ここでは指導した相手数で0.78）の合計である。すべての有機農家（18世帯）の入次数は1であった。つまり，すべての農家が他の1人の農家から，有機SRIの導入に際して指導を受けた。他方，

122

第4章　東南アジア・インドネシアのコメの生産地域の暮らし

出次数（指導した相手数）には世帯間で差がある。v5の出次数は11，v21，v31，v35のそれは１，その他の14世帯のそれは０の値をとる。v5，v21，v31，v35の４世帯は，出次数，中心性の指標の上位を占める。一方，その他の14世帯は下位を占める。v5は出次数において１位である。

　次に情報共有のネットワークにおいて，有機農家の中心性の平均値（4.72）は，慣行農家のそれ（2.06）を上回る。中心性指標の上位世帯のすべてを，有機農家が占めている。v5は，中心性が１位である。また，先述した普及のネットワークにおける中心性指標の上位４世帯（v5，v21，v31，v35）のうちv5は，情報共有のネットワークにおいても中心性が１位であった。その他の３世帯は，情報共有ネットワークにおける中心性指標は高くない。

　他方で雇用のネットワークにおいては，有機農家の中心性の平均値（2.56）は，慣行農家の値（2.67）を下回る。つまり慣行農家の方が，多くの近隣の世帯を雇用しているということである。上位世帯の多くは慣行農家によって占められている。

● **輸出向け農業が広まり，コミュニティ内の雇用・コメ共有が減った**

　以下では，有機SRIの普及がコミュニティに与えてきた影響を，コミュニティのネットワークに注目して考えよう。まず普及のネットワーク（**図表4-6**）において，v5は，多くの農家に素早く情報を拡散するのに最も重要な立場にある（たくさんの線で他の農家とつながる）。有機SRIの研修センターで学んだ正式な研修指導員（普及員）であるv5は，この地域のリーダーとして，有機SRIの普及を率いてきた。有機SRIの指導者とその指導相手との間で，日常的で双方向的な学び合いが行われている。

　情報共有のネットワークの構造と有機農家の地位について検討する（**図表4-7**，**図表4-9**）。有機農家のネットワークの数の平均値（4.72）は慣行農家のそれ（2.06）よりも高いことから，有機農家は慣行農家よりも緊密なコミュニケーションのネットワークを築いている。有機農家はそれぞれの水田の状況（水利，土壌条件など）に合わせて，間断灌漑，堆肥の利用，田植え

123

の方法などを具体的にどのように工夫すれば，収量の増加につながるのかに関するそれぞれの記録を互いに見せ合ったり，話し合いや集会の場を設けたりしている。自ら学び合いに参加したりときには他の農家に対して農法を指導したりすることについて，農家は「教わったり教えたりすることによって，知識を増やしたり確認したりすることができるため自信を持つことができる」，「環境に良い農法を広めることに楽しみを感じる」といった，自己実現などの感情面に動機づけられていることが多い（有機農家，特に他の農家への指導を行った農家への聞き取りより）。

　次に，雇用のネットワークの構造や有機農家の地位（**図表4-8，4-9**）を検討する。雇用のネットワークにおいては，有機農家の中心性（2.56）は，慣行農家のそれらの値（2.67）を下回る。慣行農家は，多くの貧しい世帯（村に住む土地なし層などの農業労働への従事などによって生計を立てる非農家）を雇う傾向があること，自らが他の農家により雇用されるという相互雇用を実践していることから，中心性が平均的に高い。慣行農家のうち伝統的な雇用制度である*cebelokan*という制度を実践していると答えた世帯は94％で，有機農家のそれ（50％）を上回る。彼らが認識する*cebelokan*とは，緑の革命期以来維持されてきた近隣世帯（主に土地なし層）を長期的に雇用して収穫米の一部を報酬として与え続けるという温情的な雇用制度である（加納，1988）。ここで「温情的」というのは，市場経済原理に照らして合理的であるか（利益を最大化できるか）どうかということよりも，同じコミュニティに住む雇用相手との社会関係が優先され，感情に基づいて雇用関係が継続しているという意味である。慣行農家による労働者の平均雇用期間は16年と長く，基本的に毎年，近所に住む貧しい人を雇う。労働者には，報酬として現金ではなく，コメを与え，労働者が確実に食料（コメ）を得られるようにする。比較的貧しい農家同士が，相互に農作業を手伝い合うという相互雇用も頻繁にみられる。温情的雇用，相互雇用といった地域内の世帯間の平等性を維持する社会制度を踏襲する傾向が，慣行農家においては有機農家においてよりも明確に確認される。

124

第4章　東南アジア・インドネシアのコメの生産地域の暮らし

　他方有機農家の半数は，*cebelokan*を実践していないという。有機農家の一部は，田植え期などに他の有機農家を労働者として雇い，互いに助言しながら適切な農法の研究・改善に努めている。除草や収穫の時期には村内外の労働者への報酬を現金で払うことが多い。慣行農家に比べると有機農家の雇用は，契約期間の短さ，労働者との社会関係の希薄さ，現金払い，自らが雇用されることが少ないという特色がある。その要因の1つは，農民組合を通じて有機認証取得のための資金援助を受けている農家には有機SRIを用いて生産したコメを組合に販売する義務があるため，労働者への報酬を現金で支払うことである。雇用のネットワークにおける慣行農家の中心性が，全体として有機農家の中心性よりも高いことは，地域の雇用関係に深く組み込まれ直接的・間接的に他世帯と依存し合っている実態を表している。

　有機農家のネットワークは，学び合う機会や雇用関係から慣行農家や土地なし層を排除するような閉鎖的・限定的特色を持っていた。すなわち，有機SRIを採り入れたコメブランド化のシステムは，伝統的に農村の世帯間を結び付けてきた雇用労働慣行を変化させて経済格差を拡大させたと考えられる。

第4章のまとめ

　第4章の最後にポイントを整理し，「問い」への「答え」の例を示す。

4.1　インドネシアではどのようにコメが作られ，売られている？

　「緑の革命」によってコメの生産量が増加したものの，深刻化した環境問題や財政支出の増大をきっかけに，インドネシアでは，より環境への負担の少ないコメの生産方法（有機農法）が模索されてきた。政府も有機農業に強い関心を示し，認証制度の整備などを進めてきた。調査地のタシクマラヤ県では，農民組合，国際機関，外国企業などのパートナーシップの下で，環境への負荷の少ない稲作農法である有機SRIの技術が普及してきた。タシクマラヤ県の農民組合は，国内で初めて国際有機認証を取得してフェア・トレードとしてコメの輸出を開始した。

125

4.2 コメの輸出の増加はコミュニティにどのように影響したのか？

　筆者が行ってきた，有機農業が一部に普及した村における調査により，有機SRI農法（有機農法）をとりいれた有機農家の所得は，農法を取り入れていない農家（慣行農家）よりも高く，有機農業の導入によってより多くの所得が得られるようになったことが示唆された。また，有機農家は農法を教えあうことなどを通じて，農家同士，よくコミュニケーションをとっている。他方で，慣行農家の方が有機農家よりも，近隣の貧しい人を雇うことなどを通じて，コメの分かち合いにより地域と結びついている。以上から，有機農業が普及するにしたがって，一部の人の所得は増加したものの，経済的な格差が拡大し，貧しい人を雇ったり地元でとれたコメを食べたり分かち合うことがなくなってきた。インドネシアのコメ生産地域の農村では，稲作が商業化されると同時に，コミュニティの人々のつながりは失われてきたと考えられる。

第4章　注

（1）ルピア（Rp）はインドネシアの通貨単位。調査時点においてのレートは以下の通りである。2011年1 USドル＝8,770Rp，2012年9,703Rp，2013年10,461.2Rp。

（2）中心性は，社会ネットワーク分析において，ネットワークを構成する各点がネットワーク内でどの程度中心的な位置にあるかを示す指標である。グラフの表示に用いたソフトであるPajekで用いられている定義を採用する（de Nooy et al., 2005）。次数中心性（degree centrality）は，その点の次数をその点の中心性とする中心性指標である。次数とは点に接続している紐帯の数である。他の点との間に紐帯を持つほど，その点が中心的な位置にあると考える。有向グラフの場合，入次数（その点に向かって他の点から来る関係の数），出次数（その点から発し他の点に向かう関係の数）からなる。この本では，社会ネットワーク分析に関する詳しい説明を省いているため，詳細を知りたい人は巻末に紹介されている論文，本を参照してほしい（Scott, 2000, de Nooy et al., 2005, 安田, 2001, 伊藤, 2018aなど）。

（3）過去のジャワの稲作農村では，誰でも収穫労働に参加し収穫量の一定割合のコメ（収穫労働者の取り分は*bawon*と呼ばれる）を報酬として受け取る（雇

用者は労働費用として*bawon*を支払う）無制限刈り取り制度（*derupan*）が一般的であった。農村に住む零細農家や土地なし層にとって複数の水田で農業雇用労働に参加することにより*bawon*を多くの農家から受け取ることは，食料となるコメを確保する上で不可欠であった。緑の革命期には，*derupan*に代わり，田植えや除草などの作業を無償で請け負った労働者のみが収穫労働に参加し収穫量の一定割合のコメ（*bawon*）を受け取ることができる制限刈り取り制度（*cebelokan*）が広がった。零細農家や土地なし層は，限られた相手（通常は近所に住む農家）との間で長期的・排他的な雇用労働契約を結ぶことにより一定のコメの分配を受け続けることができた。労働者を雇用する農家も，コメを分かち合う文化・伝統を維持しながら労働者の人数を制限することにより収穫労働者の取り分（*bawon*）を調整できるようになった。同時に，農家が一方で労働者を雇いながら自らも他の農家の水田で雇用され収穫米の一部を受け取るという相互雇用を通じ，水田の広さや土壌・水利条件によって異なるコメの収量・稲作所得が世帯間で平準化されてきた（金沢，1988，1993）。地代として収穫米の半分を小作が地主に支払うという伝統的な分益小作制（*maro*）が定額借地制へ移行するなど，地主と小作の間の農業経営費負担に関する契約も多様化した。このように，政府が主導した零細農家を含めた組織化・信用事業の実施という上からの慣行農法の普及と合わせ，農村社会における農業労働契約制・分益小作制の変化が起きたことによって，土地生産性・実質賃金の増加の受益者として零細農家や土地なし層も包摂するような生産関係の変化が進んだ。このような制度の変化は，世帯間の経済格差，社会的軋轢を部分的に緩和したため，比較的スムーズに多くの農村において慣行農法が普及した社会的背景となった（加納，1988）。

第5章

おわりに
～アフリカのコミュニティから学ぶこと～

第5章のポイント
- アフリカのコミュニティでは「食」を通じて人々が深く関わってきた。アフリカのコミュニティを支えてきたのは，**①食の自給性，②貧者に食を与える寛容性，③食の平等性，④食の多様性，⑤食文化の継承**の5つのしくみであった。東南アジアには市場経済的な考え方が広まっているが，アフリカには貧しい人に食料をあげることを当たり前であるとするような独特の考え方がある。
- この本では，「食」でつながるアフリカのコミュニティの可能性を示した。今後，外部者がアフリカの人々と関わり合うときには，コミュニティの特徴，現地で当たり前とされていることや大切にされていることを理解したうえで，開発の取組を進めていく必要がある。アフリカのコミュニティについて知ることは，自分たちが当たり前だと思っていることを見直すきっかけになる。そして地域社会に豊かな人間関係を形成し，食料を安定的に確保し，文化を守りながら自立的に地域の発展を進めていくための道筋を描くことにつながる。

第5章の位置づけ（アフリカと東南アジアのコミュニティ比較）

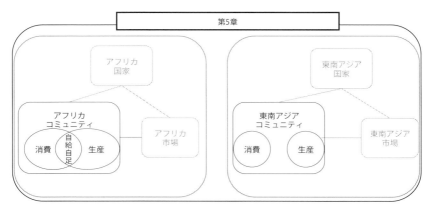

5.1 東南アジアとアフリカのコミュニティはどのように異なる？

● アフリカのコミュニティでは「食」を通じて人々が深く関わってきた。アフリカのコミュニティを支えてきたのは，①食の自給性，②貧者に食を与える寛容性，③食の平等性，④食の多様性，⑤食文化の継承の5つのしくみであった。東南アジアには市場経済的な考え方が広まっているが，アフリカには貧しい人に食料をあげることを当たり前であるとするような独特の考え方がある。

第5章では，ケニアとインドネシアのコミュニティが異なる変化をしてきた背景を検討する。そして，この本の内容を振り返り，今後の持続可能な国際開発や地域の発展に向けて，アフリカのコミュニティにおいて観察された食料でつながるしくみから，何を学び，どのように生かせるのかを考える。まず，アフリカと東南アジアのコミュニティがどのように違うのか，なぜそのような違いが生まれたのかを，それぞれのコミュニティの食料生産や消費，社会のしくみに注目して検討する（伊藤，2019）。

● **東南アジアではコメが食料から商品になった**

今日の東南アジアの農村には，財・サービスを受け取った場合，対価として同じ価値のお金を払うのは当たり前であるとするような市場経済原理が浸透している。東南アジアの多くの農村で，かつては食料として食べられ，分かち合いの対象であったコメは，市場経済原理がはたらくなかで，商品として販売されるようになった。そして経済格差は広がり，人間関係は廃れていった。東南アジアの多くの農村が経験してきたコミュニティの衰退の経緯について，みていこう。

第4章では，インドネシアの事例から，コメを輸出するために生産する有機SRI（有機農法）の導入は，一部の農家の所得を向上させたが，コミュニティの経済格差を拡大したことを紹介した。有機農法を導入した農家の間では技術の教え合いなどの交流の機会が増え，人間関係は充実してきた。契約

第5章 おわりに

農家はすべてのコメを販売するようになったことから，かつては「食料」と
して消費されてきたコメが，「商品」として販売されるようになったという
変化もあった。

　かつてのインドネシアでは，コメは農家によって消費されるだけではなく，
コミュニティに住む貧しい人にも分け与えられてきた。それを可能にしてい
たのは，地元の言葉で*cebelokan*と呼ばれる雇用制度などであった（加納，
1988）。第4章でとりあげたタシクマラヤ県の調査でも，有機農法を導入し
ていない農家は近隣の貧しい人（小規模農家や土地なし層）を雇い，とれた
コメの一部を報酬として渡すことで，コメを分かち合っていた。このような
雇用制度は，農家が他世帯の人を雇い労働力を確保するという意味だけでは
なく，その報酬としてコメを与えることで食の公平性を保つようなしくみと
して機能していた。しかし新たに有機農法を導入した農家は，このような，
貧しい人にコメを分け与えるような機能を果たす伝統的雇用形態をあまりと
らない。有機農家が有機農法を用いて収穫したコメは，認証などについて経
済的支援をしている契約企業に売ることが決まっているためである。つまり
有機農家が収穫作業などで労働者を雇用した場合，報酬をすべて現金で払う
必要がある。有機農家が実施している労働雇用契約は，市場主義原理と同様
に，得られた労働に対する対価として同価値の現金を与えるというものであ
る（このような交換を「等価交換」と呼び，同じ価値のものを交換する原理
を「均衡的互酬性」と呼ぶ。他方で見返りを求めないような交換を「一般的
互酬性」と呼ぶ，サーリンズ，1984）。このようにして有機農法を導入する
農家が増えるほど，コミュニティでコメを分かち合う機会が減り，食の共有
がなされなくなっていった。

　インドネシアの事例と同様に，他の東南アジアの農村でも，「緑の革命」
によってコメの生産量が増えると同時に，コメを売ったり輸出するという市
場向けの農業が広まった。そのことにより，コミュニティにおける食料の分
かち合いの機会の減少，食の自給性・平等性の喪失が進み，社会関係が失わ
れてきたと考えられる。そして食料を自分で作ったり分かち合うことがなく

131

なるほど，それぞれの世帯は市場（食料品店）でコメなどの食料を購入するようになるため，人々は食料の購入や農産物の販売においてより市場に頼るようになってきた。

　東南アジアの農村では，スコットが「モラル・エコノミー」論の舞台とした1930年代の時点で，地主（土地を多く持つお金持ち）と小作（土地を持たず借りて農業を営む貧しい人）への階層分化が起き，経済格差が拡大していた。東南アジアの農村では市場原理に近いような「等価交換」を重視する社会規範が強く，ケニアの事例のような見返りを求めない一方的な贈与はあまり行われてこなかった。自作農が多い東北タイでの1990年代の調査で，農民は，収穫したコメの1％程しか他世帯に与えていなかったとする研究もある（中田，1995）。インドネシアやフィリピンでの20世紀後半における研究でも，他の世帯とコメや食事をやりとりする過程で，人びとが等価交換を求めていたとされている。例えば，儀礼の場での同量の食事の交換（関本，1976），同じ階層内の儀礼親族間での食事の共有（滝川，1966），子から親への無償労働の提供に対する親から子へのコメの提供（渡辺，1992）が行われていた。このような社会で，地主からコメを借りて端境期を生きのびた小作は，「返しきれない恩義」という大きな負い目の感情を抱き，地主に服従して高率の小作料を支払い続けざるをえなかったという（滝川，1966）。

　さらに1970年代頃から本格化した東南アジアの緑の革命期には，従来農家の「食料」であったコメが，市場に販売する「商品」へ変わった（Tomosugi，1995）。1970年代頃から，フィリピンやインドネシアでは，地主と小作が収穫米を折半する伝統的分益小作制が，定額制に置き換えられた（梅原，1992）。不作の年に借地料を支払えなくなった小作が土地を手放したため，土地は富裕者に集積していった。かつては村の誰もが収穫に参加して稲の一部を持ち帰ることができる無制限刈取慣行が貧困層へのコメ分配の機会となったが，代わって，田植えや除草を無償で行った労働者だけが収穫に参加できるという制度が普及したため，貧困層が雇用される機会が減少した（Hayami and Kikuchi，1981）。さらに大規模農家の一部は，収穫前に，収

第5章 おわりに

穫以降の作業（収穫，脱穀など）を外部の労働者に委託し始めた（加納，1981）。また，タイでは労働交換が廃れ，食料が共有される機会も冠婚葬祭に限定されるようになった。儀礼時に世帯間で送られる祝儀にも厳密な見返りが求められるようになったため，儀礼が形式化・大規模化した（鶴田，1998）。このように商業的農業が浸透した結果，農村の伝統文化と社会関係が弱体化したため，20世紀末の東南アジアでは農民社会が終わったとまでいわれていた（Elson，1997）。

● **アフリカではコメが商品から食料になった**

　東南アジアに比べると，ケニアなどのアフリカでは，市場経済があまり普及しておらず，農業近代化，農業生産性の向上が起きず，経済発展が遅れてきた（第2章）。農業生産性が低い要因としてさまざまなことが考えられるが，ここではコミュニティの食の分かち合いに注目しよう。東南アジアでは市場経済の考え方が広まり，食料などの財・サービスを受け取ったらその分の対価を払うのは当たり前であったが，ケニアなどのアフリカでは必ずしもそうではない。

　第3章で述べたように，ケニア最大の稲作地帯のムエアでは，かつて，農家は生産したコメのほとんどを売らなければならなかった。やがてコメを自由に処分できるようになった2000年頃からコメの自家消費や分かち合いが広まった（**図表3-2**など）。そのように食料を分かち合う社会関係が発展し，経済格差が是正されてきた。コミュニティの人々みんなが食料を確保して生き延びることが大事であると意識されているため，貧しい人が豊かな人から食料をもらうことは当たり前の行為であり，その分の対価を払うことは必ずしも必要とされない。すなわちコメなどの食料を自ら生産したり，分かち合うことで，①**食の自給性**，②**貧者に食を与える寛容性**，③**食の平等性**のしくみが形成されている。また，女性を中心に，健康や自分自身のアイデンティティを重視する考えに基づいて，民族の伝統料理が母親から娘に継承され，④**食の多様性**，⑤**食文化の継承**が実現されている（①～⑤は，第1章で述べ

133

たアフリカのコミュニティを支えてきたポイント，**図表1-5**）。これらはい
ずれも，国家や市場といったコミュニティの外部者がムエアに導入したもの
というよりは，開発の過程でフードセキュリティや平等性が失われていった
というコミュニティの成員の生存維持の危機に際して，現地の人々が自ら主
体的に食料を通じてつながりあい，民族の伝統的社会規範に沿って形成して
きたものである。そこには，地域性を重視した持続的な国際開発や，社会関
係・人間を再生産して地域の発展を促すような可能性を見出すことができる。

　ケニアの事例と同様に，他のアフリカの地域でも，食の自給性・平等性，
食の多様性や社会関係が維持されてきた。東南アジアとアフリカのフェア・
トレード農産物の生産農家の自給経済や農村の社会関係の特徴を比較した鶴
田（2012）は，タンザニアのフェア・トレード農産物（コーヒー）の生産地
域の研究（辻村，2007，上田，2011）と東南アジアのコメなどの生産地域の
研究（Becchetti et al., 2009，中田，1995など）をレビューし，食料など生
存に必要なものの確保の視点から東南アジア農村とアフリカ農村を比較した。
すなわち，タイの農家においては食料を市場で調達することが多く，さらに
食料が隣人や親族などに贈与されることは非常にまれなことであると推測さ
れるのに対して，タンザニアでは，商業的農業が進展している地域でも，市
場へ販売する「商品」の生産に従事するのみではなく，自ら消費する「食
料」として多様な農産物がある程度生産されていること，女性たちは主に食
料としてバナナ，トウモロコシ，牛乳を生産しており，それらを販売した場
合も，収益が生活必需品の購入に充てられること，村民の食料の確保はさら
に，農機具の共有，農作業における労働交換，医療費や教育費の援助，結婚
式・葬式を中心とした通過儀礼に要する費用の支援，世帯間の相互扶助に
よってささえられ，肥料，農薬，家畜飼料などの生産資材はなるべく購入せ
ずに周囲の環境から調達されていることが指摘されている。食料作物の商品
化が進んだ地域においても，基礎的食料を無償で融通しあう慣行がかなりの
程度残っているものと推測され，消費だけでなく生産の局面においても，土
地の無償での貸借や，小規模農家への貸与による商品作物生産の機会の提供

など，世帯間の共同性あるいはある種のモラル・エコノミー的な（生存維持を支えるような）関係がみうけられるという。東南アジアでは食料は市場で買われるが，アフリカでは各世帯が食料を生産することや市場を通さない交換によって食料を確保していることが多い。そして，市場からの財やサービスの購入に依存する度合が少ないという観点から東南アジア農民よりもアフリカ農民の方が自立していることを指摘している。

その他にも，ケニアのムエアと同様に国家が近代的な灌漑水田を整備して商業的開発を行ってきたタンザニアの稲作地帯の調査からも，周辺地域から入植した農家は当初「商品」としてコメを販売しながらトウモロコシを消費してきたが，やがてコメの一部を「食料」として消費するようになり，「稲作は一方で換金作物の生産という側面と，他方で農家自給食料生産という側面の双方の性格を持ちつつ展開」したとされている（香月，1989：120）。この本の第3章でとりあげたケニアのムエアで1990年代に行われた調査でも，家計において消費用のトウモロコシの多くは自家生産され自給経済が重視されていたこと，「クラン講」という入植村に住む農民同士が金銭的な相互扶助を行っていたことが指摘されている。出身村とのネットワークを通じた市場開拓が行われ，農作業において労働を融通し合う協力もみられた（石井，2007）。

これらの事例に限らず，食料分配・共食の実践は，アフリカの農村社会や都市で広く観察されてきた（北西，1997，Leacock and Lee，1982，杉村，2004，飛田・氏家，2020など）。食料分配のしくみは，子や老人のような，労働力とならずに食料を消費する人間を扶養している世帯に対し，無料で食料を与えることでその負担を減らし，人々の間の食料や経済の格差を平等にするとされてきた（Woodburn，1982，杉村，1996，杉山，2007）。さらに食料を分かち合いともに食べる「共食」により，人びとが時間と場を共有することで連帯が生まれ，価値観・アイデンティティ・文化を共有するきっかけとなるともされている（杉村，2004，市川，1991，丹野，1991，田中，2001，笹岡，2008，2012）。

135

● アフリカと東南アジアのコミュニティでは「当たり前」が違う

次に，文化人類学・開発経済学の分野において，アフリカと東南アジアの
コミュニティでは，当たり前と考えられていること（常識）や，コミュニ
ティ内の食料などのやり取りを通じた人間関係，コミュニティ以外とのかか
わりあい方が異なる背景がどのように説明されてきたかを紹介する。すなわ
ちアフリカでは，生存に必要な物資の獲得において，食料を自分で作ったり
周囲の人と分かち合ったりすることにより，コミュニティの外部（市場や国
家など）になるべく頼らずに自立的に生活を営むような特徴があるとされて
いる。また，人口が少なく土地が豊富であったアフリカでは，移動耕作や牧
畜が主流であったため，灌漑や鋤耕作などの土地を有効に使う技術が発達し
なかった。遊牧民の集団内では，多くの家畜を繁殖させた個人は，単に「幸
運の持ち主」と評価されるに過ぎず，貧困者に食料を与えることが当然の行
為とみなされる。こうした平等主義規範は，個人の投資や資本蓄積を阻害し，
生産性向上へのインセンティブを減退させてきた（速水，2000，Hayami
and Kikuchi，1981）。アフリカではコミュニティにおける食料の分かち合い
は「当たり前」のこととされ，人間関係が大事にされているため，すべての
人が食料などを平等に得られることが求められているし，そのような社会規
範（その社会で「当たり前」であり「良いこと」であるとされること）に
沿った暮らしが営まれているという（杉村，2004など）。

アフリカに比べ，東南アジア農村では古くから市場経済が浸透してきた。
市場経済が浸透した社会では，人間関係そのものよりは，多くの現金を稼ぐ
ことが大事にされる。様々な食料などの生活に必要なものを獲得するために
は，それを買えるだけの現金を稼ぐ必要がある。自分で食料を作ったり，分
かち合うこともあるが，それは生活のためというよりは，儀礼やつきあいな
どのためであることが多く，生活を成り立たせるためにはまずお金が必要で
ある（鶴田，1998など）。歴史的に人口が多く土地が希少であったアジアで
は，農村で灌漑の維持に関する取決めがなされてきたという。同時に，施肥
や除草，新技術採用によって個人が生産力を向上させることは「努力の成

第5章 おわりに

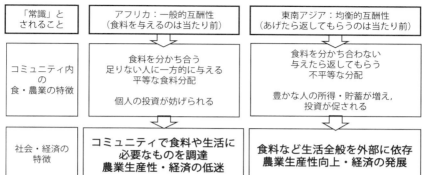

果」として評価されるため，農民の土地所有権を保護しながら，土地への投資・イノベーションを促すような社会規範が発達してきた。緑の革命期に所得格差は拡大したが，生産は全体として増加した（速水，2000, Hayami and Kikuchi, 1981）。そのようなことを「当たり前」であるととらえる考え方が，東南アジアのコミュニティが経済発展を経験する過程で広まってきた。

以上を踏まえ，アフリカでは食を通じて人々がつながりコミュニティは持続してきたこと，東南アジアでは逆に人々のつながりが失われコミュニティが衰退してきたことという流れをまとめると**図表5-1**のようになる。アフリカと東南アジアのそれぞれの社会で常識とされること（モラル・社会的規範）の違いは，コミュニティ，社会・経済の違いをもたらしてきた。アフリカのコミュニティでは，食料が不足している人がいれば，その人に食料を与えるのは当たり前であると考えられ，平等な食料分配がなされている。そのことにより，食料や生活に必要なものをだれもが調達できる。同時に，個人の投資が妨げられ，農業生産性・経済の低迷にもつながっている。他方で東南アジアでは，食料や現金などを他の世帯の人に貸したり与えたりした場合，同じ価値の食料や現金などを返してもらうことが当たり前であると考えられている。食料を分かち合わず，不平等な分配がなされている。それぞれの世

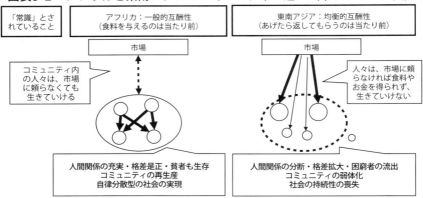

図表5-2 アフリカと東南アジアのコミュニティの違い（ネットワーク図）

注：中西（2023：339），杉村ほか（2023：412）を参考にして作図。
出所：図表5-1より筆者作成。

帯は，生活に必要なものをすべてコミュニティの外部（市場）から調達する。豊かな世帯の所得・貯蓄が増え，投資が促され，農業生産性が向上し，経済の発展につながった。

図表5-2では，アフリカと東南アジアのコミュニティの違いを，コミュニティに所属する世帯（農家）を点，食料の調達の流れを矢印としてあらわしたネットワーク図によって示している。アフリカでは，コミュニティ内部で食料が分かち合われ，人間関係が充実し，格差は是正され，貧者も生存でき，市場からの自立性が保たれる。このような「食」を通じたつながりを核としてコミュニティは再生産され，第1章で述べたような自律分散型の社会が実現されており，持続可能な地域の発展につながる可能性を見出すことができる。他方で東南アジアではコミュニティ内部の食料の分かち合いの機会がなくなり，人間関係が分断され，それぞれの世帯が市場から食料などを調達して全面的に市場に依存している。格差は拡大し，困窮化した人がコミュニティ外部へ流出し，コミュニティは弱体化していく。このように社会の持続性が喪失されてきたと考えられる。

第 5 章　おわりに

● アフリカの開発では，コミュニティの特徴は考慮されてこなかった

　これまでの検討から，アフリカと東南アジアのコミュニティの特徴の違い
が明らかになった。しかしながら，アフリカ・ケニアの調査地などでは，コ
ミュニティの特徴を理解しないままに，一様に市場経済化を進め，生産性を
あげることを推進しようとする開発が行われている。例えば，第 3 章で述べ
たように，国際機関はケニア・ムエアでのコメ生産量増加のため，豊かな農
家を中心に，二期作・高価格大量販売といったより儲かる農業を広めるとい
う市場志向型農業を推進している。アフリカの多くの国では，小規模園芸農
家支援のアプローチとして，野菜や果物を生産する農家に対し，「作って売
る」から「売るために作る」への意識変革を起こし，営農スキルや栽培スキ
ル 向 上 に よ っ て 農 家 の 園 芸 所 得 向 上 を 目 指 す SHEP（Smallholder
Horticulture Empowerment and Promotion）アプローチがとられており，
ムエアの市場志向型農業開発も基本的にはこういった考えに沿った開発アプ
ローチであるといえる（JICA，2018b）。しかしムエアの農家はこうした市
場主義的な農業の推進の取り組みに関して「生産物のすべてを売ると，自分
が食べたり，隣人に分ける分が減る」と言って断った人もいたということか
ら，市場志向型農業の普及は順調ではないことが示唆される。その理由とし
て，第 3 章で取り上げたケニアのコミュニティにおけるコメの生産・分配関
係から明らかになったように，豊かになることは，その多くを分配する（分
けなければならないという社会的な圧力がかかる）ことにつながり，豊かに
なるにつれて「負い目」も多くなると考えられる。そして負い目を減らすた
め，豊かな世帯から貧しい世帯への一方的贈与が行われることを想定すると，
一部の農家の生産量を増やすことは，必ずしも多くの農家の生産量や販売量
の増加，コメの供給の増加につながるとは限らないのである。

　他方で東南アジアでは，市場志向型農業がスムーズに普及し，生産性も向
上してきた。それはおそらく，農村社会においてもらった分を返すのが当た
り前であるとするような考え方が広まっており，市場経済の考え方が受け入
れられやすかったことも関連していると考えられる。インドネシア・タシク

139

マラヤ県の事例でも，豊かな農家を中心に，高い所得を稼ぐことを可能にする有機農業・輸出向けのコメ生産が推奨され，普及した。広い水田を持つ農家ほど契約を結び，生産・所得は増加し，有機農家の間の技術の学びあいの関係も強化された。しかし貧しい農家や土地無し貧困層は新しい農法を使ったコメの輸出による所得の拡大の恩恵を受けられず，経済格差の拡大が起き，貧農・土地無しの雇用・コメ分配が減ったと考えられる。それぞれの農家が，外部者（企業）に生計を依存するようになり，内部格差の拡大・社会関係の喪失は，コミュニティの脆弱化，貧困世帯の困窮・流出を促してきた。以上から，国際機関の開発である「市場主義的アプローチ・生産最大化」（売るために作るという発想）は，東南アジアの価値観とは整合的だが，食べるために農産物を作ることを重視するアフリカの人の考えとの間には「ずれ」がある。

5.2　持続可能な地域の発展をかなえるためには何が必要か？

- この本では，「食」でつながるアフリカのコミュニティの可能性を示した。今後，外部者がアフリカの人々と関わり合うときには，コミュニティの特徴，現地で当たり前とされていることや大切にされていることを理解したうえで，開発の取組を進めていく必要がある。アフリカのコミュニティについて知ることは，自分たちが当たり前だと思っていることを見直すきっかけになる。そして地域社会に豊かな人間関係を形成し，食料を安定的に確保し，文化を守りながら自立的に地域の発展を進めていくための道筋を描くことにつながる。

● この本の内容のまとめ

　ここで各章の内容を振り返り，アフリカのコミュニティから何が学べるのかをまとめよう。

　第1章では，この本の目的，研究方法，全体の流れを示した。この本の目

第 5 章　おわりに

的は，アフリカに暮らす人々が形成している「コミュニティ」がどのように
成り立っているのかを明らかにし，アフリカのコミュニティでの暮らしに，
未来の「可能性」を見出すことであった。具体的には，アフリカや東南アジ
アのコミュニティにおいて，人々がどのように食料を生産・消費し，日常生
活を営んでいるのかについて，筆者の現地調査や様々な地域の研究を基に，
経済学，社会学，人類学など，様々な方法を使って明らかにしてきた。アフ
リカに対して，経済発展や農業の生産性の面で「遅れている」という見方と，
「アフリカには可能性がある」という見方がある。この本では後者の立場を
尊重しながら，アフリカや東南アジアのコミュニティのしくみを明らかにし，
現地の人々の価値観や社会規範を国際開発や地域の発展の取組に生かしてい
く重要性を述べた。

　第 2 章では，アフリカ，特にケニアの社会や経済，食料消費，農業生産の
特徴を概観した。アフリカの社会や経済の特徴を明らかにするために，もう
一つの主な調査地であるインドネシアが位置する東南アジアの社会や経済の
指標との比較を行った。アフリカの社会や経済は，人口増加，経済開発の遅
れ，低い農業生産性を特徴とする。近年は急速にコメの消費が増えている。
アフリカのコメの増産に向けて，日本が主導する国際会議や国際協力の取組
が実施され，稲作部門の近代化・市場化が目指されてきた。ただしアフリカ
では，穀物のみならず，イモ類を含めて多様な食料が生産されている。イモ
類の 1 人当たり生産量は増加しており，イモ類の輸入量は増えていない。イ
モ類やトウモロコシは基本的には域内で生産・消費されており，安定的な食
料の確保が可能になっていると考えられる。アフリカの人々が安定的で多様
な食料を確保できるようにするためには，穀物の生産量の増加の推進に加え
て，混作や焼畑といったアフリカ独自の多様な農業の形態や，人々の食料の
分かち合いのシステムを損なわないという配慮が重要である。この本の調査
対象のケニアでも，コメやコムギよりもキャッサバやトウモロコシの自給率
は高い。近年のケニアでは，市場志向的農業の普及によるコメ増産の取組が
実施されている。

141

第3章ではケニア最大の稲作地帯であるムエア灌漑事業区（ムエア）を事例としながら，ケニアの人々がどのように食料を生産したり消費したりしているのかを具体的に明らかにした。ムエアの農家は市場経済的行為とモラル・エコノミー的行為を組み合わせて生活している。市場経済的行為は，ムエアの商品作物であるコメを多く売り現金を得ようとするような経済的利益を重視する行為であり，モラル・エコノミー的行為は，コミュニティの常識（貧しい人に食料を与え，コミュニティの人々の生存を維持することを当たり前とする考え方）に沿った行為である。高齢で比較的豊かな第一世代と，若くて貧しい第二世代は，これらを組み合わせ，世代間の経済格差を縮小しながら共存している。第二世代は，収穫後にコメの多くを売却する一方，自身の貧しさを寄合で口にしたり，第一世代にコメの不足分を要求したりする。豊かになることによる負い目の感情を喚起された第一世代は，第二世代へコメを分配することで負い目を減らそうとしている。コメをもらい家族で生き延びることができた第二世代は，第一世代に服従する。こうして第一世代の権威が保たれることは，現地に住むキクユの人々の伝統的社会で重要であるとされてきた息子が父親を敬う姿勢が表れているということでもある。コメなどの食料を貧しい第二世代に一方的に与え，第二世代の不満をなるべく解消して，コミュニティにおける社会秩序が維持されている。

　第4章では，ポスト緑の革命期のインドネシアにおける低投入農法（有機SRI・有機農法）の普及の影響を明らかにした。具体的には，タシクマラヤ県において外国企業との契約生産としての商業的有機農業の普及が，農家の経営収支，農家間の社会関係，農村の農業労働者の雇用制度に与える影響を検討した。検討の結果，有機農業を導入した有機農家は，導入していない慣行農家に比べ，高い経済収益を得ていること，有機SRIの普及が近隣に住む農家の間のコミュニケーションを活発化していることが明らかになった。高い経済的利益や他世帯との学び合いを通じたネットワークを活性化させているのは，比較的若く，教育水準が高く，水管理のしやすい広い水田を持つ豊かな農家である。これらから，有機SRIの導入により，もともと豊かな農家

第5章 おわりに

がさらに豊かになってコミュニケーションを活発化させてきており，地域内の経済格差が拡大したと考えられる。かつて東南アジアの農村では，コメは「食料」として消費されたり，貧しい人を雇って与えることで食料の共有や平等化を促すような扱い方をされていた。しかし事例地域の有機農家はしだいに，コメを「商品」として販売するようになってきた。そのため，コミュニティの貧困者を雇用してコメを分け与える慣行が衰退し，人間関係の解体につながってきた。このように販売向けのコメの生産が広がり市場経済化が進むことで，コミュニティにおける食料の調達や共有がなされなくなり，ケニアの場合とは逆に，食料の自給性・平等性が失われてきたと考えられる。

　第5章の前半では，アフリカと東南アジアのコミュニティを比較した。アフリカと東南アジアのコミュニティでは，当たり前であるとされていること（社会規範）が異なっている。アフリカ・ケニアのコミュニティでは，かつて商品として販売されていたコメが消費され共有されるようになった。そこでは貧しい人に食料を与えることが当たり前であるとされ，個人の生産の拡大や経済的利益の拡大があまり重視されていない。コミュニティの外部の市場・国家からはある程度自立しながら，食料など生活に必要なものがコミュニティ内部で確保され，維持されてきた。このようにアフリカのコミュニティでは経済格差が是正されてきた。一方，インドネシアの事例では，輸出向けの有機農業が普及することでコメの消費や共有の機会が減り，コミュニティ内の食料の共有がなされなくなっていた。東南アジアでは市場経済的な考え方が広まっており，生産の拡大や経済的利益の拡大が重視されている。コミュニティの外部の市場に食料をはじめとする生活の基盤を依存しており自立性は低い。このように東南アジアのコミュニティでは，一部の農家の農業生産性が向上し豊かになる過程で，経済格差は広がりネットワークは弱くなったと考えられる。

● アフリカから学んだことを，地域の発展の取組に生かせるか？

　最後に，この本から，今後の国際開発や地域の発展に向けた取組にどのよ

143

うな示唆を得られるのかを考える。アフリカのコミュニティにおけるモラル・エコノミー的行為（食料の分かち合いを重視することに関連する行為）は，高齢の第一世代が社会において権威を保ったり，貧しい第二世代が食料を確保して生き延び，生存を維持することに深く関わっている（**図表3-6**）。アフリカのコミュニティにおける食料を通じてつながりあうアフリカのコミュニティの性格は，個人の土地への投資，蓄財，生産性の増加を妨げることから，かつては開発の阻害要因とみなされていた。しかし，より包括的で多元的な開発・持続的な開発の概念が提示されている今日では，肯定的に評価されるようになっている。アフリカ農村の人びとは，国家や市場に完全には依存することなく，コミュニティ内の相互扶助を通じて生計を維持している。日々を生きていく技として人間関係を構築しながら生命をつないでいくという，「自律性」や「自在性」を擁しているという意味で，アフリカ農村コミュニティは，国家や市場との間に新たな関係を築く可能性を秘めている（鶴田，2007，内山，1999，阪本，2007）。それを外部者が主導して市場経済的行為を普及することは，秩序の維持や貧しい人の生存の維持のしくみを脅かすことにつながりかねない。

　図表5-3は，現在多くのアフリカの国で進められている経済開発（市場化）がもたらしうるメリットとデメリットを整理したものである。市場志向型開発のメリットは，豊かな人が，貯蓄・投資・生産性・所得の増加により，もっと豊かになりうるということである。他方で市場志向型開発のデメリットは，これまでアフリカで維持されてきた特徴（①**食の自給性**，②**貧者に食を与える寛容性**，③**食の平等性**，④**食の多様性**，⑤**食文化の継承**）が失われ，コミュニティが衰退しうるということである（**図表1-5参照**）。ケニアのムエアの事例のように，国家が主導して開発を担っていた時期も，国際機関などが介入して市場化を進めてきた近年も，アフリカの開発担当者と，開発の現場に居住する人々（農民）の価値観の間には，「ずれ」が発生してきた。開発担当者は，地域社会の人々の価値観や意識をより深く理解したうえで，それに沿った開発アプローチを提案し，参加型・主体性の高い取り組みを進

第5章　おわりに

図表5-3　アフリカの経済開発（市場化）のメリットとデメリット

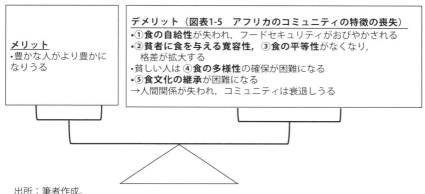

出所：筆者作成。

めていく必要がある。また，コメに加えて，自ら生産したトウモロコシやイモ類を含む多様な食材で作られ，母親から娘へと伝えられてきた伝統的食文化も，健康やアイデンティティの維持において重要視されている。

それを，外部者が主導して「市場経済的行為」に変更させることは，販売量や生産量の増加に貢献するかもしれないというメリットをもたらしうるが，これまで築かれてきた食を通じたつながりを分断し，貧しい人の食料の確保を可能にしてきたようなコミュニティのしくみを損なうことにより，社会秩序や貧困者の生存の維持を脅かすというデメリットももたらしうる。アフリカのコミュニティの核を形成してきた食料の共有によって形成されてきた人間関係が失われ，それぞれの人が市場に生活を全面的に依存するようになれば，アフリカでもコミュニティは衰退していくであろう。

これらを踏まえて，今後の開発のあり方について検討していこう。開発のデメリットを避け，アフリカの可能性を喪失しないためにも，今後は，アフリカの社会・経済に対する深い理解に基づき，アフリカの開発がもたらしうるメリット・デメリットについて，地域の人々と共に検討し，選択していくことが必要である。こうした参加型の開発の手法として，第3章で述べたように，近年のアフリカでは，貧困者への現金給付政策などにおいて，コミュ

ニティに受給者選択を委ねる「コミュニティ・ベースト・ターゲティング：Community Based Targeting」（CBT）の活用が重要である（五野・高根, 2016, Devereux, 2016, Miller et al., 2010, Conning and Kevane, 2002）。ケニアの稲作地帯であるムエアではコミュニティ内部において食料が不足した人にコメなどを与えるという食料分配がなされている。このようなネットワークに組み込まれている場合，生計の危機に直面した時にも，コミュニティ内部の人から食料をもらい生存を維持するということが期待できるため，外部者が介入して彼らを支援するような必要性は，あまり高くない。他方，何らかの理由でネットワークから外されてしまっている人や，あまり生産量が多くないのにコメなどの贈与を社会的圧力により強いられて困窮している人は，コミュニティの食料分配のしくみによっては生存維持が保障できないし，生活基盤が安定しなければコメの生産量・販売量を増やすことも難しい。このような人をコミュニティの内情をよく知る人により特定してもらい，周囲との関係を壊さない配慮をしながら，外部から，集会などで周囲と関わり合う機会を持つことを促したり，農業技術・経営戦略の改善による生計強化策を伝えたりするなど，支援や働きかけを行うことで，フードセキュリティの改善につながりうる。CBTのような，コミュニティの住民が主体になる方法により，社会福祉水準が相対的に低いとみなされている農民を特定し，外部から支援することで，食料分配のしくみの不十分な点を補完することが可能となるであろう。

　次にインドネシアのタシクマラヤ県の調査結果を踏まえ，東南アジアにおける今後の持続可能な開発や発展についての教訓についても考える。調査地で実施されているようなコメのブランド化のシステムは，有機SRIのような低投入稲作農法の普及が，農家所得の増加・社会関係の活性化をもたらすモデルケースとして他地域にも適用されている。ただしこうしたシステムには，伝統的雇用制度の衰退や経済格差の拡大を促す可能性もある。さらに広範囲への普及を促すには，高収益をもたらす低投入農法を導入する過程で新たに発生しうる経済格差や社会的軋轢を緩和するような制度を構築していくこと

が必要になる。例えば，政府が主導しながら，農村に住む零細農家や土地なし層の生計の維持・社会への包摂を促すための農村雇用機会の開発（水野，1995），高齢者・非就業人口に対する社会保障制度の構築（末廣，2014）を進めていくということが考えられる。

　近年のアフリカの人口増加により土地希少性が増す中で，アフリカも，かつて東南アジアで成功した「緑の革命」を実現させ，生産性向上を促す方向に社会規範を変化させることが，「アフリカの緑の革命」の実現にとって重要であるとされている（速水，2000，2004，JICA，2015など）。ただし，ケニアの共食の実践にみられたように，世帯間の経済格差を緩和するような制度の存在は，社会の安定につながっているといえる。それぞれの地域に存在し，継承されてきた固有のしくみには，そこに暮らす人たちがそれを維持してきた理由や社会的経済的な意義があると考えられ，現在共有されている社会規範，価値観，制度の変更を外部者が促すことは，社会の安定，平等化のしくみ，文化の固有性の喪失を招きかねない。SDGsの理念である誰も取り残さない開発を実現するためには，商業的農業開発のみならず，自給農業維持，食料を分かち合うネットワークの形成や食料消費の平等化（貧困世帯への食料支援）といった，アフリカのコミュニティの常識・あたり前であるとされている食の平等性・公平性・多様性などを重視した，地域の人々に受け入れられるような施策が求められている。アフリカのコミュニティは，近代化や経済発展がもたらす弊害を避けながら，食料を通じて人々がつながりあう，自立的で持続的な社会や経済のしくみを築いてきた。そのことを学ぶことにより，SDGsの達成に向けた国際開発への示唆が得られると同時に，先進国で進む地域社会の過疎化・コミュニティの衰退に歯止めをかけ，持続可能な地域振興を推進するためのヒントを得ることができるであろう。

　すみずみまで市場経済原理が広まっている日本でも，この本で示したアフリカのコミュニティの5つの特徴（**図表1-5**）をヒントにして，持続可能な発展に向けて行動することは可能である。例えば①**食の自給性**について，自分で食料を作ることは難しくても，自分が住む地域でとれた食料，国産の食

料を選んで買うことはできる。②**貧者に食を与える寛容性**，③**食の平等性**については，地域あるいは職場・学校などのコミュニティで，食料に困っている人がいるのかどうかを調べたり，食料の確保のために支援したりすることができる。④**食の多様性**，⑤**食文化の継承**については，自分が住む地域，国の食文化を知り，料理の作り方を知ったり食材がこれからも生産・流通し続けることができるようにするにはどのようなことが必要かを考えたり行動することができる（地域の食を守ることは①のような地産地消の考え方ともつながる）。

　日本では多くの人にとって当たり前であるとされている，「食料はお金で買うものである」，「違う世帯の人との間でやりとりするとき，同じ価値の対価・現金を払う必要がある」といったことは，世界的にみれば必ずしも常識ではないかもしれない。自分の考えを持つことは大事なことであるが，ときには自分が信じて疑わない「常識」を疑ってみたり，今後，現在よりも望ましい社会を実現するための道筋に合わせて，より自分や周りの人が気持ちよく生きるために自分自身の考え方や行動を変化させていくことも重要である。文化人類学の基本を示した松村（2020）が指摘しているように，自分や他人とのつながり，自分が属している・属していないと認識している社会の境界，異質性・同質性について考え，やわらかい姿勢を持つことが，より豊かに心地よく生きる方法をみつけることにつながるのかもしれない。

　アフリカについて日本では知られていることが少なく，読者の方も様々な疑問を持っていると思われる。この本の目次で立てた「問い」について考え，自分なりの「答え」を探すことが，読者の方1人1人の世界への理解の深まりや価値観の広がりにつながれば幸いである。

第5章のまとめ

　第5章の最後にポイントを整理し，「問い」への「答え」の例を示す。

5.1　ケニアとインドネシアのコミュニティはどのように異なる?

　アフリカのコミュニティでは，相対的に豊かな人が，相対的に貧しい人に対して一方的に食料を与えることを当たり前とみなすような考え方が共有されており，食料の平等化や共有がなされ，人間関係は再生産されてきた。他方で東南アジアのコミュニティでは，市場経済の常識に近いような，食料などを同じ分だけ与え合う（借りた分を返す）ことが常識とされてきた。商業的農業が広まるにつれて経済格差は拡大し，食料の平等化や共有の機会は減り，人間関係が分断され，コミュニティは衰退してきた。

5.2　持続可能な地域の発展をかなえるためには何が必要か?

　アフリカのコミュニティは，①**食の自給性**，②**貧者に食を与える寛容性**，③**食の平等性**，④**食の多様性**，⑤**食文化の継承**の5つのしくみに支えられ，維持されてきた。コミュニティは国家や市場から自立し，内部の人間関係が維持され，人間が再生産されてきた。アフリカのコミュニティでの食の分かち合いなどの行為は，世代の権威の維持や貧者の食料の確保，生存の維持に深く関わっている。それを，外部者が主導して「市場経済的行為」に変更させることは，販売量や生産量の増加には貢献するかもしれないが，社会秩序の維持や貧困者の生存の維持を脅かすことにつながりかねない。アフリカのコミュニティにおける食料を通じて人々がつながりあうしくみを学ぶことにより，SDGsの達成に向けてどのようなアフリカ開発の取組が重要であるのかに対する理解を深められるであろう。また，先進国で進む地域社会の過疎化・コミュニティの衰退に歯止めをかけ，持続可能な地域振興を推進するためのヒントを得ることも可能になる。

参考文献

浅井英利（2015）「ケニアの稲作：天水畑稲作の可能性」堀江武編『アジア・アフリカの稲作：多様な生産生態と持続的発展の道』農山漁村文化協会，125-139.

足立己幸・衛藤久美（2023）『共食と孤食：50年の食生態学研究から未来へ』女子栄養大学出版部.

安渓貴子・石川博樹・小松かおり・藤本武（2016）「アフリカの食の見取り図を求めて」石川博樹・小松かおり・藤本武編『食と農のアフリカ史：現代の基層に迫る』昭和堂，23-52.

池谷和信（2007）「カラハリ狩猟採集民における生業と分配：危機に対する戦略としてのモラル・エコノミー」『アフリカ研究』70：91-101.

石井洋子（2007）『開発フロンティアの民族誌：東アフリカ・灌漑計画のなかに生きる人びと』御茶の水書房.

市川光雄（1991）「平等主義の進化史的考察」田中二郎・掛合誠『ヒトの自然誌』平凡社，11-34.

伊藤紀子（2016）「農民の生計における市場経済的行為とモラル・エコノミー的行為：ケニアの灌漑事業区への入植者とその息子たちの事例分析」『アフリカ研究』90：15-28.

伊藤紀子（2017a）「アフリカ農村における食料分配のしくみと機能：ケニア灌漑事業区の農民によるコメの消費過程の分析」『農林水産政策研究』27：1-24.

伊藤紀子（2017b）「ケニアの農家によるコメの取引関係：ムエア灌漑事業区におけるコメ販売の社会的背景」『フードシステム研究』24（3）：315-320.

伊藤紀子（2017c）「アフリカ（ケニア）：小農による食料増産に向けた取組」農林水産政策研究所『[主要国農業戦略横断・総合] プロジェクト研究資料』第4号.

伊藤紀子（2018a）「ポスト緑の革命期のインドネシア・ジャワにおける低投入農法の普及過程：有機SRI（System of Rice Intensification）の普及事例の社会ネットワーク分析」『農林水産政策研究』29：1-27.

伊藤紀子（2018b）「アフリカ：コメの需給と関連政策」農林水産政策研究所『[主要国農業戦略横断・総合]プロジェクト研究資料』第8号.

伊藤紀子（2019）「開発途上国農村の制度変化と農業開発」『農林水産政策研究レビュー』No.91：6-7.

伊藤紀子（2020）「インドネシアの商業的農業地域における農家の食料消費：子育て世帯の食事の多様性と儀礼を通じた食事の授受関係に注目した事例分析」『フードシステム研究』26（4）：337-342.

伊藤紀子（2022）「ケニア稲作農村女性の食に対する意識と食品摂取行為 」『アフリカ研究』102：1-12.

151

伊藤紀子（2023）「アフリカ：食料消費の現状と課題」農林水産政策研究所『［主要国農業政策・食料需給］プロジェクト研究資料』第2号.

今村薫（1993）「サンの協同と分配：女性の生業活動の視点から」『アフリカ研究』42：1-25.

上田元（2011）『山の民の地域システム：タンザニア農村の場所・世帯・共同性』東北大学出版会.

内山節（1999）『市場経済を組み替える』農山漁村文化協会.

梅原弘光（1992）『フィリピンの農村：その構造と変動』古今書院.

大塚啓二郎（2020）『なぜ貧しい国はなくならないのか：正しい開発戦略を考える 第2版』日本経済新聞出版社.

小田利勝（2007）『ウルトラ・ビギナーのためのSPSSによる統計解析入門』プレアデス出版.

香月敏孝（1989）「タンザニアにおける開発援助と農村社会の変容：キリマンジャロ農業開発計画の事例から」林晃史編『アフリカ農村社会の再編成』アジア経済研究所，103-124.

金沢夏樹（1988）「ジャワ稲作農民の生産ビヘービアー：稲作労働投入をどう読むか」松田藤四郎・金沢夏樹『ジャワ稲作の経済構造』農林統計協会，15-55.

金沢夏樹（1993）『変貌するアジアの農業と農民』東京大学出版会.

蟹江憲史（2020）『SDGs（持続可能な開発目標）』中央公論新社.

加納啓良（1981）『サワハン：『開発』体制下の中部ジャワ農村』アジア経済研究所.

加納啓良（1988）『インドネシア農村経済論』勁草書房.

加納啓良（2004）『現代インドネシア経済史論：輸出経済と農業問題』東京大学出版会.

菊島良介・高橋克也・伊藤暢宏・大橋めぐみ（2021）「店舗の利用可能性からみた食料品アクセスと食品摂取」『フードシステム研究』27（4）：139-150.

北西功一（1997）「狩猟採集民アカにおける食物分配と居住集団」『アフリカ研究』51：1-28.

北原敦（2000）「東南アジアの農業と農村」北原敦・西口清勝・藤田和子・米倉昭夫『東南アジアの経済』世界思想社，195-208.

紀谷昌彦・山形辰史（2019）『私たちが国際協力する理由：人道と国益の向こう側』日本評論社.

熊谷修・渡辺修一郎・柴田博・天野秀紀・藤原佳典・新開省二・吉田英世・鈴木隆雄・湯川晴美・安村誠司・芳賀博（2003）「地域住宅高齢者における食品摂取の多様性と高次生活機能低下の関連」『日本公衆衛生雑誌』50（12）：1117-1124.

ケニヤッタ，ジョモ（1962）『ケニア山のふもと』野間寛二郎訳，理論社.

小泉達治（2019）「国際的なフードセキュリティに関する論点」『ARDEC』60.

JICA（国際協力機構）（2008）『プロジェクト研究 サブサハラ・アフリカにおける

我が国の灌漑稲作協力のインパクト調査：タンザニア国ローア・モシ地域，ケニア国ムエア地域，ナイジェリア国ローア・アナンブラ地域を中心として』JICA.

JICA（2011）『ケニア共和国　稲作を中心とした市場志向農業振興プロジェクト　詳細計画策定調査報告書』JICA.

JICA（2013）『ケニア共和国　テーラーメード育種と栽培技術開発のための稲作研究プロジェクト　詳細計画策定調査報告書』JICA.

JICA（2015）『ケニア共和国　稲作を中心とした市場志向農業振興プロジェクト　中間レビュー調査報告書』JICA.

JICA（2018a）「アフリカ稲作振興のための共同体（CARD）終了時レビュー調査ファイナルレポート」JICA.

JICA（2021a）『JICAアフリカ稲作技術マニュアル：CARD10年の実践』JICA.

JICA（2021b）『栄養プロファイル　ケニア』JICA.

五野日路子・高根務（2016）「誰が給付を受けるべきか：マラウイの社会的現金給付政策における住民主体の受給者選択」『アフリカ研究』90：29-36.

サーリンズ，マーシャル（1984）『石器時代の経済学』山内昶訳，法政大学出版局.

阪本公美子（2007）「アフリカ・モラル・エコノミーに基づく内発的発展の可能性と課題」『アフリカ研究』70：133-141.

阪本公美子・大森玲子・津田勝憲（2021）「タンザニア3地域における野生食物摂取と成人の主観的健康の関係：中部半乾燥地，南東部内陸・海岸沿いの事例に基づく考察」『国際開発研究』30（2）：93-112.

櫻井武司（2012）「アフリカ　サブサハラ・アフリカの食料需給動向　コメを中心に」『平成22年度世界の食料需給の中長期的な見通しに関する研究』農林水産政策研究所.

櫻井武司・Irene K. Ndavi（2008）「サブサハラ・アフリカ：経済自由化政策下の食料安全保障」農林水産政策研究所『プロジェクト研究資料』.

笹岡正俊（2008）「「『生』を充実させる営為」としての野生動物利用：インドネシア東部セラム島における狩猟獣利用の社会文化的意味」『東南アジア研究』46（3）：377-419.

笹岡正俊（2012）『資源保全の環境人類学：インドネシア山村の野生動物利用・管理の民族誌』コモンズ.

佐藤周一（2006）「東方インドネシアにおけるSRI稲作の経験と課題」『根の研究』15（2）：55-61.

佐藤周一（2011）「インドネシアのSRI」J-SRI研究会編『稲作革命SRI：飢餓・貧困・水不足から世界を救う』日本経済新聞出版社，77-104.

重富真一（2009）「序章 2008年食糧危機とコメの貿易構造」重富真一・久保研介・塚田和也『アジア・コメ輸出大国と世界食料危機：タイ・ベトナム・インドの

戦略』アジア経済研究所，3-25.

嶋田義仁（2007）「経済発展の歴史自然環境分析：アフリカと東南アジア比較試論」『アフリカ研究』70：77-89.

下村恭民・辻一人・稲田十一・深川由起子（2016）『国際協力：その新しい潮流 第3版』有斐閣選書.

生源寺眞一（2013）『農業と人間：食と農の未来を考える』岩波書店.

末廣昭（1993）『タイ：開発と民主主義』岩波書店.

末廣昭（2014）『新興アジア経済論：キャッチアップを超えて』岩波書店.

末廣昭・伊藤亜聖（2022）「アジア経済はどこに向かうか：コロナ危機と米中対立の中で」弦書房.

杉野智英・小林弘明（2015）「経済発展に伴うインドネシア農業・農村の変化と課題：就業多様化と商品経済化の視点から」『食と緑の科学』69：55-68.

杉村和彦（1996）「富者と貧者：そのクム人的形態」『アフリカ研究』49：1-25.

杉村和彦（2004）『アフリカ農民の経済：組織原理の地域比較』世界思想社.

杉村和彦（2007）「アフリカ・モラル・エコノミーの現代的視角：序章　今日的課題をめぐって」『アフリカ研究』70：27-34.

杉村和彦・鶴田格・末原達郎（2023）『アフリカから農を問い直す：自然社会の農学を求めて』京都大学学術出版会.

杉山祐子（2007）「焼畑農耕民社会における「自給」のかたちと柔軟な離合集散：ザンビア，ベンバにおける「アフリカ・モラル・エコノミー」」『アフリカ研究』70：103-118.

スコット，ジェームス（1999）『モーラル・エコノミー：東南アジアの農民叛乱と生存維持』高橋彰訳，勁草書房.

関本照夫（1976）「中部ジャワ農村の儀礼的食物交換：スラカルタ地方の事例より」『国立民族学博物館研究報告』1(3)：457-504.

高根務（2007）『マラウイの小農：経済自由化とアフリカ農村』アジア経済研究所.

髙橋正郎監修・清水みゆき編著（2022）『食料経済：フードシステムからみた食料問題 第6版』オーム社.

滝川勉（1966）「フィリピンの村落社会構造：接近のための一試論」的場徳造・山本秀夫編『海外諸国における農業構造の展開』農業総合研究所，3-49。

竹内潔（1995）「狩猟活動における儀礼性と楽しさ：コンゴ北東部の狩猟採集民アカのネット・ハンティングにおける協同と分配」『アフリカ研究』46：57-76.

田中二郎（2001）「ブッシュマンの歴史と現在」田中二郎編『カラハリ狩猟採集民：過去と現在』京都大学学術出版会，15-70.

丹野正（1991）「『分かち合い』としての『分配』」田中二郎・掛谷誠編『ヒトの自然誌』平凡社，35-57.

辻村英之（2007）「タンザニア農村における貧困問題と農家経済経営：コーヒーの

フェア・トレードの役割」野田公夫編『生物資源問題と世界』京都大学出版会，67-98.

鶴田格（1998）「貨幣経済の浸透と儀礼をめぐる社会関係の変容：中部タイの稲作村における冠婚葬祭」『東南アジア研究』36（2）：178-205.

鶴田格（2007）「モラル・エコノミー論からみたアフリカ農民経済：アフリカと東南アジアをめぐる農民論比較のこころみ」『アフリカ研究』70：51-62.

鶴田格（2012）「フェア・トレード商品の生産農家の多様性に関する一試論：地域間比較とサブシステンスの視点から」『農林業問題研究』48（2）：332-337.

鶴見和子（1996）『内発的発展論の展開』筑摩書房.

飛田八千代・氏家清和（2020）「セネガル都市部における食料消費量の実態：2018年サン・ルイ市での世帯調査より」『アフリカ研究』97：13-20.

中田義昭（1995）「余剰米と出稼ぎ：タイ東北部ヤソートーン県の1村を対象として」『東南アジア研究』32（4）：523-548.

中西徹（2023）『現代国際社会と有機農業』放送大学教育振興会.

農林水産省（2017）『農業経営統計調査報告　平成27年度　米及び麦類の生産費』大臣官房統計部.

農林水産省ウェブサイト　https://www.maff.go.jp/j/zyukyu/zikyu_ritu/011.html

林晃史（1970）「キクユの土地保有」『アジア経済』11（2）：30-40.

速水佑次郎（2000）『新版　開発経済学：諸国民の貧困と富』創文社.

速水佑次郎（2004）「巻頭言：アフリカの部族とアジアのむら」『アフリカレポート』38：巻頭言.

半澤和夫（1993）「ケニアにおける商業的農業の発達とその特徴：アフリカ人小農を中心として」児玉谷史朗編『アフリカにおける商業的農業の発展』アジア経済研究所，163-198.

平岡洋（2018）「新しい視点に立った稲作振興を目指して」『国際開発ジャーナル』736：39.

平野克己（2009）『アフリカ問題：開発と援助の世界史』日本評論社.

平野克己（2013）『経済大陸アフリカ：資源，食糧問題から開発政策まで』中公新書.

平野克己（2022）『人口革命：アフリカ化する人類』朝日新聞出版.

福井清一・三輪加奈・高篠仁奈（2023）『開発経済を学ぶ　改訂版』創成社.

藤本武・石川博樹（2016）「アフリカの作物：成り立ちと特色」石川博樹・小松かおり・藤本武編『食と農のアフリカ史：現代の基層に迫る』昭和堂，53-77.

松村圭一郎（2008）『所有と分配の人類学：エチオピア農村社会の土地と富をめぐる力学』世界思想社.

松村圭一郎（2020）『学びのきほん　はみだしの人類学：ともに生きる方法』NHK出版.

丸山優樹（2022）「西アフリカ：コメの消費動向と消費者ニーズに着目して」農林水産政策研究所『[主要国農業政策・貿易政策] プロジェクト研究資料』第10号.

水島司（2010）『グローバル・ヒストリー入門』山川出版社.

水野広祐（1988）「インドネシアにおける稲作農業の展開と商業化のパターン：西ジャワの北部平野部とプリアンガン高地を中心に」梅原弘光編『東南アジア農業の商業化』アジア経済研究所，115-161.

水野広祐（1995）『東南アジア農村の就業構造』アジア経済研究所.

三宅元子・河野菜月・柳澤あさこ・佐藤かな子・高岸結・山田英明・河田哲典（2016a）「大学生の食生活に関する知識の確信度と食事習慣及び食品群別摂取頻度との関連」『日本家政学会誌』67（11）：617-626.

三宅元子・柳澤あさこ・河野菜月・佐藤かな子・高岸結・山田英明・河田哲典（2016b）「大学生の食生活からみた家庭科の食生活教育の課題：食生活に対する意識と食事習慣及び食品群別摂取頻度との関連」『日本家政学会誌』67（12）：700-708.

安田雪（2001）『実践ネットワーク分析：関係を解く理論と技法』新曜社.

山田隆一（1997）「タンザニアにおける稲作労働者雇用に関する考察」『農業経営研究』35（3）：11-23.

山根裕子・一條洋子・浅沼修一（2019）「ケニア西部ビクトリア湖東岸の稲作地域での稲作と農家経営の実態：アヘロ灌漑地区とアウトグローワーの比較」『熱帯農業研究』12（2）：73-91.

横山繁樹（2011）「インドネシア西ジャワにおける有機SRIの普及：農家，行政，民間の社会ネットワークに注目して」J-SRI研究会資料.

横山繁樹・アマル　カダル　ザカリア（2009）「現場試行型集約稲作の技術特性に関する予備的考察：インドネシア西ジャワにおける有機SRI（System of Rice Intensification）を素材として」日本農業経済学会論文集，648-655.

吉田敦（2020）『アフリカ経済の真実：資源開発と紛争の論理』ちくま新書.

米倉等（2016）「AECの発足とインドネシア農業」『国際農林業協力』39（2）：25-34.

渡辺敦（1992）「食事の提供・獲得をめぐる社会関係：インドネシア，西ジャワ州南バンテンの村落から」『東南アジア研究』29（4）：422-453.

渡辺雄二・村元美代・青木宏（1995）「女子学生の食行動に及ぼす食意識の影響」『日本食品科学工学会誌』42（2）：77-84.

ADB（Asia Development Bank）（2009）*The Economics of Climate Change in Southeast Asia : A Regional Review*, Asia Development Bank.

Africa Rice Center（2011）*Boosting Africa's Rice Sector : A Research for Development Strategy, 2011-2020*, Africa Rice Center.

African Development Bank Group（2017）*Feed Africa : The Road to Agricultural*

Transformation in Africa, (https://afdb-org.jp/).

Ariesusanty, L. (2011) "Indonesia : Country Report," in Willer, H. and L. Kilcher (eds.) *The World of Organic Agriculture, Statistics and Emerging Trends 2011*, IFOAM and FiBL, Bonn and Fric, 137-139.

Bates, R. (1981) *Market and States in Tropical Africa : The Political Basis of Agricultural Policies*, University of California Press.

Becchetti, L., P. Conzo, and G. Gianfreda (2009) "Market Access, Organic Farming and Productivity : the Determinants of Creation of Economic Value on a Sample of Fair Trade Affiliated Thai Farmers," *Econometica Working Papers*, No. 5, July 2009.

Budan Pusat Statistik (BPS) (各年号) *Statistik Indonesia (Statistical Yearbook of Indonesia)*, BPS.

Chambers, R. and J. Moris (1973) *Mwea : An Irrigated Rice Settlement in Kenya*, Weltforum Verlag.

Conning, J. and M. Kevane (2002) "Community-Based Targeting Mechanisms for Social Safety Nets : A Critical Review," *World Development*, 30 (3) : 375-394.

de Nooy, W., A. Mrvar, and V. Batagelj (2005) *Exploratory Social Network Analysis with Pajek*, Cambridge University Press.

Devereux, S. (2016) "Social Protection for Enhanced Food Security in Sub-Saharan Africa," *Food Policy*, 60 : 52-62.

Ellis, F. and H. A. Freeman (2007) "Rural Livelihoods and Poverty Reduction Strategies in Four African Countries," *Journal of Development Studies*, 40 (4) : 1-30.

Elson, R. E. (1997) *The End of the Peasantry in Southeast Asia : A Social and Economic History of Peasant Livelihood, 1800 −1990s*, St. Martin's Press.

FAO (Food and Agriculture Organization of the United Nations) (2006) *Food Security, Policy Brief, Issue 2*, FAO.

FAO (2014) *Food and Agriculture Policy Decisions : Trends Emerging Issues and Policy Alignments since the 2007/08 Food Security Cris*, FAO.

FAO, IFAD (International Fund for Agricultural Development), UNICEF (United Nations International Children's Emergency Fund), WFP (World Food Programme), and WHO (World Health Organization) (2020) *The State of Food Security and Nutrition in the World 2020 : Transforming Food Systems for Affordable Healthy Diets*, FAO, IFAD, UNICEF, WFP, and WHO.

FAOSTAT (https://www.fao.org/faostat/en/#home)

Granovetter, M. S. (1985) "Economic Action and Social Structure : The Problem of Embeddedness," *American Journal of Sociology*, 91 (3) : 481-510.

Haggblade, S., K. Duodu, J. Kabasa, A. Minnaar, N. Ojijo, and J. Taylor (2016) "Emerging Early Actions to Bend the Curve in Sub-Saharan Africa's Nutrition Transition," *Food and Nutrition Bulltin*, 37 (2) : 219-241.

Hayami, Y. and Kikuchi, M. (1981) *Asian Village Economy at the Crossroads : An Economic Approach to Institutional Change*, University of Tokyo Press.

Hyden, G. (1980) *Beyond Ujamaa in Tanzania : Underdevelopment and an Uncaptured Peasantry*, University of California Press.

IMF Data Mapper https://www.imf.org/external/datamapper/profile/ WEOWORLD

Ito, N. and T. Tsuruta (2020) "Food Sharing among Commercial Rice Growers : Persistence of the Subsistence Ethic in Kenya," in Hyden, G., K. Sugimura, and T. Tsuruta (eds.) *Rethinking African Agriculture : How Non-Agrarian Factors Shape Peasant Livelihoods*, Routledge Contemporary Africa, 95-109.

JICA (2018b) *SHEP Handbook for Extension Staff : a Practical Guide to the Implementation of SHEP Approach*, JICA.

Jones, A., A. Shrinivas, and R. Bezner-Kerr (2014) "Farm Production Diversity is Associated with Greater Household Dietary Diversity in Malawi : Findings from Nationally Representative Data," *Food Policy*, 46 : 1-12.

Kabutha, C. and C. Mutero (2002) "From Government to Farmer-managed Smallholder Rice Schemes : The Unresolved Case of the Mwea Irrigation Scheme," in H. G. Blank, C. M. Mutero, and H. Murray-Rust (eds.) *The Changing Face of Irrigation in Kenya : Opportunities for Anticipating Changes in Eastern and Southern Africa*, International Water Management Institute, 191-210.

Keding, G. (2016) "Nutrition Transition in Rural Tanzania and Kenya," in H. Biesalski, R. Black, and B. Koletzko (eds.) *Hidden Hunger : Malnutrition and the First 1,000 Days of Life : Causes, Consequences and Solutions, World Review of Nutrition and Dietetics* 115, Karger Medical and Scientific Publishers, 68-81.

Kigaru, D., C. Loechl, T. Moleah, C. Macharia-Mutie, and Z. Ndungu (2015) "Nutrition Knowledge, Attitude and Practices among Urban Primary School Children in Nairobi City, Kenya : a KAP Study," *BMC Nutrition*, 1 (44) : 1-8.

Leacock, E. and R. B. Lee (1982) *Politics and History in Band Societies*, Cambridge University Press.

Malthus, T. (2008) *An Essay on the Principle of Population*, Oxford University Press.

Mati, B.M., Wanjogu, R., Odongo, B. and Home, P. G. (2011) "Introduction of the System of Rice Intensification in Kenya: Experiences from Mwea Irrigation Scheme," *Paddy and Water Environment*, 9 (1): 145-154.

Miki, T., M. Eguchi, T. Kochi, S. Akter, Y. Inoue, M. Yamaguchi, A. Nanri, R. Akamatsu, I. Kabe, and T. Mizoue (2021) "Eating Alone and Depressive Symptoms among the Japanese Working Population: The Furukawa Nutrition and Health Study," *Journal of Psychiatric Research*, 143 (2021): 492-498.

Miller, C. M., M.Tsoka and K. Reichert (2010) "Targeting Cash to Malawi's Ultra-Poor: A Mixed Methods Evaluation," *Development Policy Review*, 28 (4): 481-502.

Ministry of Health, Kenya (2018) *The Kenya Nutrition Action Plan (KNAP) 2018-2022*: Optimal Nutrition for All, Government Printer.

Oi, Y. (1983) "Nutritional Quality of the Kikuyu Diet: Preference to Legumes," *Bulletin of Heian Jogakuin College*, 14: 75-82.

Pambo, K., D. Otieno, and J. Okello (2014) "Consumer Awareness of Food Fortification in Kenya: The Case of Vitamin-A-fortified Sugar," *Paper Prepared for Presentation at the International Food and Agribusiness Management Association (IFAMA) 24th Annual World Symposium*.

Sakamoto, K., P. Khemmarath, A. Maro, and R. Ohmori (2021) "Food Intake and Health of School Children in Southeast Tanzania: Preliminary Questionnaire in Raha Leo Elementary School, Lindi Municipal," *Journal of the Faculty of International Studies*, Utsunomiya University, 52: 27-38.

Sakamoto, K., L. D. Kaale, R. Ohmori, and T. Kato (Yamauchi) (2023) *Changing Dietary Patterns, Indigenous Foods, and Wild Foods: In Relation to Wealth, Mutual Relations, and Health in Tanzania*, Springer.

Scott, J. (2000) *Social Network Analysis: A Handbook*, SAGE Publications.

SIMPATIK ウェブサイト (https://www.sunria.com/pages/simpatik-farmers)

Siti Jahroh (2010) "Organic Farming Development in Indonesia : Lessons Learned from Organic Farming in West Java and North Sumatra," *Innovation and Sustainable Development in Agriculture and Food*, 2010: 1−11.

Sugino, T. and Mayrowani, H (2010) "Perspective of Organic Vegetable Production in Indonesia under the Regional Economic Integration: Case Study in West Java," in Ando M. (ed.) *Impact Analysis of Economic Integration on Agriculture and Policy Proposals toward Poverty Alleviation in Rural East Asia, JIRCAS Working Report*, 69: 57-65.

Sukristiyonubowo, R., H. Wiwik, A. Sofyan, Benito H.P, and S. De Neve (2011) "Change from Conventional to Organic Rice Farming System: Biophysical and

Socioeconomic Reasons," *International Research Journal of Agricultural Science and Soil Science*, 1 (5) : 172-182.

Tomosugi, T. (1995) *Changing Features of a Rice Growing Village in Central Thailand : A Fixed-Point Study from 1967 to 1993*, The Centre for East Asian Cultural Studies for Unesco, The Toyo Bunko.

United Nations Population Division (https://thepopulationproject.org/)

Uphoff, N. (2009) "Case Study, System of Rice Intensification," *Final Report Agricultural Technologies for Developing Countries Annex 3, European Technology Assessment Group.*

Wang, X., F. Pacho, J. Liu, and R. Kajungiro (2019) "Factors Influencing Organic Food Purchase Intention in Developing Countries and the Moderating Role of Knowledge," *Sustainability*, 11, 209 : 1-18.

Woodburn, J. (1982) "Egalitarian Societies," *Man*, 17 (3) : 431-451.

Yadi Heryadi and Trisna Insan Noor (2016) "SRI Rice Organic Farmers' Dilemma : Between Economic Aspects and Sustainable Agriculture," *Advances in Economics, Business and Management Research*, 15 : 176 – 180.

付記・謝辞

　この本の調査・執筆・出版においてJSPS科研費（詳細は後述），農林水産政策研究所，拓殖大学などから補助・研究協力を受けた。現地調査では，ケニアとインドネシアで多くの方の協力を得た。原稿の執筆・出版の過程では，特に，飯田恭子氏，飛田八千代氏，鈴木山海氏，丸山優樹氏，中西徹先生，関良基先生などから多くの指導・助言をいただいた。出版の機会を与えてくださった筑波書房鶴見治彦氏にも感謝したい。

　主に利用した科研費

・伊藤紀子（研究代表者）課題番号：22K12584「ケニア農村の域内農産物利用・社会関係資本蓄積と地産地消：インドネシアとの比較」（日本学術振興会　科学研究費助成事業　基盤研究（C））2022年4月－2026年3月予定（継続中）。

・伊藤紀子（研究代表者）課題番号：19K20537「ケニア稲作農村の食料分配と子どもの食事にみる社会の再生産：インドネシアとの比較」（日本学術振興会　科学研究費助成事業　若手研究）2019年4月－2024年3月。

・伊藤紀子（研究代表者）課題番号：16K16656「ケニア稲作農民の生業：市場経済とモラル・エコノミーの両方の性質を持つ意義」（日本学術振興会　科学研究費助成事業　若手研究（B））2016年4月－2019年3月。

・伊藤紀子（研究代表者）課題番号：11J40154「現代アフリカ農村における脱農民化・生計多様化と開発：ケニア西部の事例から」（日本学術振興会　科学研究費助成事業　特別研究員奨励費）2011年－2013年。

・伊藤紀子（研究代表者）課題番号：07J04482「現代アフリカ農村「共同体」の停滞と商業的農業発展のメカニズム」（日本学術振興会　科学研究費助成事業　特別研究員奨励費）2007年－2009年。

著者紹介

1981年　石川県出身.
2004年　東京大学経済学部卒業.
2006年　東京大学大学院経済学研究科　修士課程修了.
2012年　東京大学大学院経済学研究科　博士課程修了. 博士（経済学）.
2007年度～2009年度　東京大学大学院総合文化研究科・日本学術振興
　　　会特別研究員DC2.
2011年度～2013年度　東京大学社会科学研究所・日本学術振興会特別
　　　研究員RPD.
2016年度～2022年度　農林水産省農林水産政策研究所（研究員・主任
　　　研究官）.
2023年度～　拓殖大学政経学部（准教授）.

「食」でつながるアフリカのコミュニティ
～持続可能な地域の発展をかなえるための5つのヒント～

2024年11月7日　第1版第1刷発行

　　　著　者　　伊藤 紀子
　　　発行者　　鶴見 治彦
　　　発行所　　筑波書房
　　　　　　　　東京都新宿区神楽坂2－16－5
　　　　　　　　〒162－0825
　　　　　　　　電話03（3267）8599
　　　　　　　　郵便振替00150－3－39715
　　　　　　　　http://www.tsukuba-shobo.co.jp

定価はカバーに示してあります

印刷／製本　平河工業社
© 2024 Printed in Japan
ISBN978-4-8119-0680-5 C3033